我的第一本
趣味
数学书

U0384898

我的第一本

数学书

第2版

韩　垒◎编著

中国纺织出版社

内 容 提 要

本书将带你进入奇妙的数学世界，让你了解生动有趣的数学知识。书中讨论了各种看似简单却又蕴含着丰富知识的题目、煞费脑筋的问题、引人入胜的故事、有趣的难题、日常生活中的常识或者科学幻想小说里蕴含的数学知识。学习了这本书，你将成为让伙伴们羡慕的小数学家。

图书在版编目（CIP）数据

我的第一本趣味数学书 / 韩垒编著. --2版. --北京：中国纺织出版社，2017.1 （2022.6重印）
ISBN 978-7-5180-2762-0

Ⅰ.①我… Ⅱ.①韩… Ⅲ.①数学—少儿读物 Ⅳ.①01-49

中国版本图书馆CIP数据核字（2016）第152506号

责任编辑：胡 蓉　　特约编辑：高 琛　　责任印制：储志伟

中国纺织出版社出版发行
地址：北京市朝阳区百子湾东里A407号楼　邮政编码：100124
销售电话：010—67004422　传真：010—87155801
http：//www.c-textilep.com
E-mail：faxing@c-textilep.com
中国纺织出版社天猫旗舰店
官方微博http://weibo.com/2119887771
三河市延风印装有限公司印刷　各地新华书店经销
2012年1月第1版　2017年1月第2版　2022年6月第2次印刷
开本：710×1000　1/16　印张：12.5
字数：135千字　定价：36.00元

前言

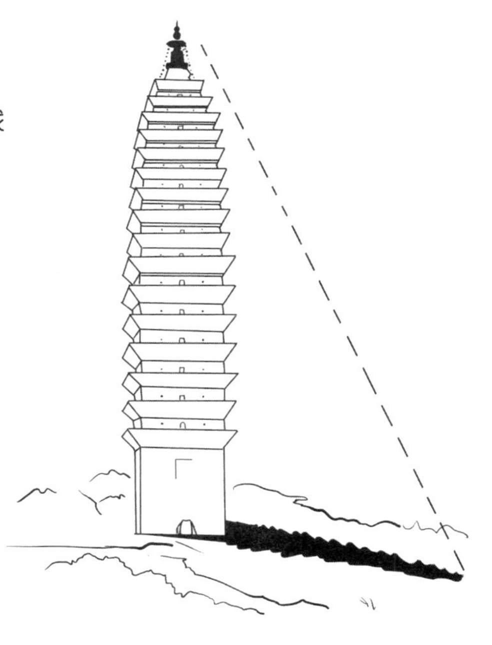

亲爱的读者：

你知道有一个数学公式可以让你在玩游戏的时候立于不败之地吗？

数字中为什么会有“死亡怪圈”呢？

为什么蜜蜂能成为建筑设计师的师傅？

为什么蚂蚁会是建筑专家的老师呢？

为什么蜘蛛是八卦阵的主设计师？

为什么一个棋盘可以装下天下的粮食呢？

为什么钱用1、2、5呢？

为什么会有圣经数呢？

为什么照相机用三脚架而不用四脚架？

数字魔术的奥秘在哪里？

……

在这部书里，我们希望做到的，不是告诉小读者多少新的知识，而是要帮助小读者“认识所知道的事物”。也就是说，帮助小读者对在数学方面已有的基本知识能够更深入了解，激发小读者把这些知识应用到各方面去。

为了达到这个目的，书里讨论了五光十色的各种看似简单却又包含着丰富知识的题目、煞费脑筋的问题、引人入胜的故事、有趣的难题，以及日常生活中的常识或者科学幻想小说里蕴含的数学知识。

《我的第一本趣味数学书（第2版）》的主要目的是，激发小读者的科学想象力，教会小读者科学地思考，并且在小读者的记忆里创造联想，把数学知识与经常碰到的各种生活现象结合起来。

本书第1版得到了广大小读者的喜爱，第2版在保留第1版全部优点和特色的基础上，又进行了一些优化、改进。除对全书内容进一步完善，增加了一些配图外，还对内文的版式进行了重新编排，使内容更鲜活生动；对一些句子进行了字斟句酌、反复推敲，使全书的可读性、易读性进一步提高。笔者由衷希望借助这本书，激发小读者对数学知识的兴趣，引导小读者更深入地了解数学、利用数学，到更广阔的知识海洋中去遨游。

编著者

2016年1月

目录

第1章　走进妙趣横生的数学世界

长期以来，一个令人困惑的现象是：很多小朋友视数学如畏途，兴趣寡淡，导致数学成绩普遍低于其他学科。

“兴趣是最好的老师。”对任何事物，只有有了兴趣，才能产生学习钻研的动机。兴趣是打开科学大门的钥匙。

其实，数学是个最富有魅力的学科。它所蕴含的美妙和奇趣，是其他任何学科都不能相比的。

现在，就让我们一起走进妙趣横生的数学世界。

巧取小球——揭开常胜将军的奥秘

自从和爸爸妈妈一起到海边吃烧烤之后，俊文就喜欢上了烧烤，每次吃饭都吵闹着要吃。

妈妈知道经常吃烧烤对身体不好，因为烧烤类食品吃多了会破坏身体内的维生素C，而且烧烤食品里有致癌物，多吃有害健康。尽管每次都和俊文解释，但不懂事的俊文依旧每天吵闹着要吃烧烤。

这天吃饭的时候，俊文又提出吃烧烤，妈妈没有责怪俊文，决定和俊文做个游戏。

她拿出100个小球，对俊文说："俊文，现在妈妈和你做个游戏，如果你赢了，我就带你吃烧烤，如果你输了，以后就不能提出去吃烧烤，除非爸爸妈妈带你去，如何？"

俊文提出了一个条件："如果我赢了，以后我要天天吃烧烤，您不能约束我。"

妈妈点点头。

妈妈继续说："这里有100个小球，我们依次取出小球，每次最少取1个，最多取5个，不能不取。只要让我先取，最后一个肯定是你的。"

俊文说："我不相信！"

妈妈补充说："这样，每次我先取，谁取到最后一个算谁输。怎么样？"

俊文点点头。

妈妈首先从中取出3个小球，俊文想尽快吃到烧烤，从中取出5个，妈妈

取出1个；俊文又取出5个，妈妈又取出1个；俊文取出4个，妈妈取出2个；俊文取出3个，妈妈取出3个；俊文取出2个，妈妈取出4个；俊文取出1个，妈妈反倒取出5个……拿到还剩下7个球的时候，俊文停下来了。

他发现，这7个球无论自己怎么取，最后一个都是自己的。他苦思冥想，始终找不到答案。

妈妈看到这里，笑了，说："俊文，你先仔细想想该怎么取，妈妈去做饭了。"

俊文看着那7个小球，始终没有找到方法，只好放弃了吃烧烤的念头。

吃饭的时候，俊文说："妈妈，我前面取小球的时候，没有计算好，等我下次计算好了，一定赢你。"

妈妈点点头。晚饭之前，俊文早早地摆好小球，等着和妈妈做这个游戏。

妈妈依旧是不紧不慢首先取出3个小球，俊文小心翼翼地取出1个，妈妈随即取出5个；俊文取出2个，妈妈几乎不假思索，从中取出4个……当剩下7个小球的时候，俊文又停下来，因为他发现自己又要输了。

这个游戏连续进行了几次，妈妈都轻而易举地胜了俊文。

俊文说："妈妈，你真是常胜将军，我说话算话，以后再也不整天要求吃烧烤了。"

妈妈笑着说：“其实，这很简单。”

妈妈将秘密告诉了俊文，俊文高兴地说：“妈妈，原来你是利用数学知识赢了我，看来我以后要好好地学习数学了，这样我就能赢你了。”

聪明的小朋友，你知道妈妈为什么每次都能赢的原因吗?

科学小链接

仔细观察，你会发现，除去第一次之外，从第二次开始，俊文取出的小球数和妈妈取出的小球数加起来，正好是6个。在规则里，每次每人最少取1个，最多取5个，这6个小球就是最少和最多加起来的和。一共100个小球，除以6，余数为4。再来看妈妈第一次取的是3个小球，从开始就注定了最后一个小球肯定是俊文的了。

妈妈胜利的秘密就是第一次取的球比余数少一个。

戏耍猴子——本末倒置的交换律

俊文在区幼儿园上学时，中午在幼儿园餐厅吃饭，每餐固定3元钱。

幼儿园为了培养孩子的理财能力，推出了一项新计划：每天让每一个同学自己拿3元钱去老师那里买饭票，用饭票去餐厅吃饭。

这样，每天早晨，俊文坐幼儿园班车的时候，妈妈会交给他3元钱，让他从老师那里买饭票。

这天放学之后，俊文提出让妈妈多给他一些钱。俊文说："妈妈，我们班的小胖，他的爸爸给他5元钱，你也给我5元钱吧。"

妈妈说："你吃饭只要3元钱，为什么让我给你5元钱呢？"

俊文说："可是小胖的爸爸给小胖5元钱呢。"

妈妈不想让俊文从小就染上攀比的虚荣心，对俊文说："我可以给你5元钱，但有个条件，给你的钱以后每天都要减少1元钱。比如，星期一的时候，给你5元钱，星期二的时候，要减少1元，可以吗？"

俊文高兴地说："好！谢谢妈妈，我以后就可以存很多钱了。"

星期一的时候，妈妈给了俊文5元钱，俊文非常高兴，把2元放进了储蓄罐，可是到了星期四的时候，妈妈只给了2元，连当天购买饭票的钱都不够了，只好从储蓄罐拿出了1元钱，星期五的时候，他又从储蓄罐拿出2元钱来补贴当天的饭钱。

这天，俊文对妈妈说："妈妈，你根本没有多给我钱。"

妈妈说："这样，我从星期一开始给你1元，以后每天都加1元，好不好？这样的话，到了周五你就有5元了。"

俊文点点头，心想："这次，我终于能存很多钱了。"

然而，一个星期过后，俊文算了算，发现自己还是没有多存钱。

聪明的小朋友，你计算一下，俊文是多拿了钱还是少拿了钱？

其实，只要你仔细地观察一下，就会发现：

$5+4+3+2+1=1+2+3+4+5=3+3+3+3+3=15$

星期一给5元钱，每天递减，直到星期五，与星期一给1元，每天递增，直到星期五，与每天给3元，俊文得到的钱是一样多的。

历史上有类似的故事：有一个少年，养了一只猴子，因为家里比较穷，他决定每天早晨给猴子3个栗子，晚上给4个，猴子不同意，表示抗议。

这个少年说："每天早晨给4个，晚上给3个。"

猴子一听，高兴了，它发现，每天早晨可以吃到4个，比原来的多一个。

俊文的妈妈和这位少年，是利用了数学中的一个定律——加法交换律。

交换律是数学中被普遍使用的一个定律，是指能改变某些数字的顺序而不改变其最终结果。交换律是大多数数学分支中的基本性质，在数学中应用很广泛。

例如：

在加、减、乘、除运算中，加法和乘法都满足交换律，具体表述如下。

加法交换律：两个数相加，交换加数的位置，它们的和不变。如$1+5=5+1$。

乘法交换律：两个数相乘，交换因数的位置，它们的积不变。如$1\times5=5\times1$。

计算：$1+2+3+4+5+6+7+8+9=?$

依次加起来，会很麻烦，如果能够计算$[(1+9)+(2+8)+(3+7)+(4+6)+5]$，这样就能轻而易举地算出答案。

比如，$4\times9\times25=?$

依次相乘，会很麻烦，如果使用交换律：$(4\times25)\times9$，就可以轻而易

举地得出答案是900。

科学小链接

数学里除了交换律之外，还有结合律、分配率等。这些方法的存在，能够将复杂的数学问题变得简单化。只要肯动脑筋，数学也会变得非常简单。

大圣显灵——砍下一角不少反而多

俊文做完作业之后，津津有味地看动画片《西游记》，当看到孙悟空的脑袋被铁扇公主砍掉后变成两个头的镜头时，俊文惊奇得不得了，禁不住说道：“孙猴子真厉害，砍掉一个头还可以变成两个。”

这个时候，爸爸从书房走出来，说：“其实，生活中有些物体和孙悟空一样，砍掉之后，不仅不会减少，反而会增多。”

爸爸的这句话吊起了俊文的胃口，他赶忙问是什么东西。

爸爸问：“我们家吃饭的桌子有几个角？”

俊文回答说：“4个。”

爸爸问：“如果用刀砍掉一个角，还有几个角？”

俊文不假思索地回答：“肯定是3个角了。”

爸爸摇摇头说：“仔细想想。”

俊文看了看家中的饭桌，用手比画了一下说："5个。"

爸爸点头笑了笑，回答说："可能是3个，也可能是4个，还有可能是5个。"

俊文急忙问："怎么回事？"

爸爸回答说："如果是对角切的话是3个，切掉一条边的话是4个，切小角的话是5个。"

俊文点点头。

在酒店中，如果你认真观察一下，会发现酒店里的桌子大多是圆形，而不是四方形或者多边形，这不仅是因为圆桌子看起来美观，还因为圆桌子与方桌子相比，同样的面积，圆桌子周围能够坐的人更多。

科学小链接

在大街上，下水道的井盖之所以设计成圆形的，就是出于安全的考虑。试想，如果设计成三角形或者正方形的，尽管井盖比井口大一些，但还是有掉下去的可能。而如果是圆形的，由于圆的直径相等，所以，盖儿只要大一点点，就不会掉下去。除此之外，图形的周长相等时，圆形的面积最大。同时圆形又符合我们的体型，便于工作人员进出维护。

一点通——可怕的小数点

俊文躺在床上，让妈妈给他讲故事。

在很久很久以前，在一个皇宫里面，住着0、1、2、3、4、5、6、7、8、9十个兄弟，他们十个兄弟团结友爱，将皇宫管理得井井有条。

在皇宫附近，住着一个巫婆，想离间他们十兄弟的关系，就偷偷地跑到皇宫里对9说："你是这个皇宫里面最大的一个，你应该是国王，什么都应该是你的，吃、穿、住、用都不要和他们平分。"

9听信了巫婆的话，开始变得十分得意，经常瞧不起其他数字，特别是0和1，还经常欺负它们。

这天，皇宫里来了一个不起眼的小圆点，它的名字叫小数点。一天，小数点在路上遇到了0和1，见他们愁眉苦脸的样子，就问："你们遇到了什么不开心的事，能告诉我吗？"0和1就把9如何瞧不起他们的事说了出来。小数点听了，心里十分气愤，决定要好好地教训一下9。

这天，0和1带着小数点来到了9的家。9看见0和1带来一个小黑点，就说："你们两个最小的数字带着这个圆不溜秋的家伙干什么？"小数点说："我们来教训你这个瞧不起人的家伙！"

9仔细地打量一番小数点，说："好大的口气！就凭你吗？"

"当然不是，我只要和0一起，你就会比1还小！"小数点说。

"是吗？我倒要看看你有什么能耐。"

只见0走到了9的左边，小数点站在了它们的中间，9变成了0.9，比1还小了。这时9惭愧地低下了头，认识到自己不应该瞧不起别人，此后再也不受巫婆的离间了。

不知什么时候，1走到了9的后面，小数点走到了它们的中间。这时的9竟然发现自己比以前更强大了，因为9.1比9大啊。

妈妈说完之后，俊文兴奋地说："原来数学里的小数点这么奇妙。"

妈妈继续说："小数点在数学中是很重要的，却很容易被人忽略。"

科学小链接

小数点，写作"."，用于在十进制中隔开整数部分和小数部分。小数点尽管小，但是作用极大，我们时刻都不可忽略这个小小的符号。

对称美——美丽的几何图形

妈妈为了方便自己每天早晨起来打扮，买了一个落地镜子放在客厅里。

俊文每天早晨起来的时候，也喜欢站在镜子前面，认真地整理衣服。

爸爸走过来，问："俊文，镜子里看到的是自己吗？"

俊文回答说："当然是我自己了，在一切细节上都分毫不差。"

爸爸说："真的吗？"

俊文很自信地回答，说："那当然，如假包换。"

爸爸说："那这样，你现在用右手摸你的耳朵，再看看镜子里面的你也是用右手吗？"

俊文按照爸爸的话试了试。"呀，爸爸，怎么在镜子里变成了左手啦？"

爸爸笑着说："因为你和镜子中的你是完全对称的，对称的特点决定了你的右手在镜子中只能变成左手。”

镜子中的俊文和现实中的俊文，是完全对称的。

在数学中，对称是一个使用范围非常广的词语，也是美学的基本法则之一，指物体或图形在某种变换条件下，比如，绕直线的旋转、对于平面的反映等，其相同部分间有规律重复的现象，即在一定变换条件下的不变现象。

数学中的对称是美学的基本法则之一，数学中众多的轴对称、中心对称图形，幻方、数阵以及等量关系都具有平衡、协调的对称美。

A
BAB
CBABC
DCBABCD

1
212
32123
4321234

以上两组奇怪的数列，是不是让你大吃一惊?

对称是普遍存在的一个问题，大自然中，99%的现代动物是左右对称的。但是在植物中，具有完美对称性的植物会让我们发出惊叹，比如蕨类、铁树的叶子和娇艳的花朵。

仔细想想，如果大自然中没有对称会是什么样子呢? 如果动物左右肢长得不一样，人不是左右对称，只有一只眼睛、一只耳朵和半个脸……这样的世界是很难想象的。

人具有独一无二的对称美，所以人们又往往以是否符合“对称性”去审视大自然，并且创造了许许多多具有“对称性”美的艺术品：服饰、雕塑和建筑物等。

对称美贯穿于数学的方方面面，数学的研究对象是数、形、式，数的美、形的美、式的美，随处可见。它的表现形式，不仅有对称美，还有比例美、和谐美，甚至数学本身也存在着题目美、解法美和结论美。

学习数学，如同进入一个妙不可言的世界，呈现眼前的尽是数、形变幻的

奇妙景观，看似枯燥乏味的数字是一个美丽的符号，在为你做精彩的表演，一个个抽象的数学式背后掩藏的是深奥有趣的数学故事，千变万化的数学公式展示了数学迷宫的绚丽多彩。

美妙的数学，有的令你着迷，有的令你大吃一惊，有的令你拍案叫绝，有的令你惊讶感叹……

科学小链接

在长沙市的五一路与芙蓉路交界处有一座社保大厦，有一盏高高的路灯，站在某个固定的位置，会发现路灯作为社保大厦的对称轴，使其呈现自然的对称美。现在它已经成为长沙市的一个风景点。

神秘的8——千呼万唤不出现

舅舅是做彩票生意的，对数字比较敏感，经常会研究一串串的数字。

俊文的生日正好赶上星期日，舅舅和舅妈以及姥爷都来给俊文庆祝生日。俊文的舅舅特意定制了一个“8”字形蛋糕，切蛋糕的时候，舅舅说：“这个‘8’是最特殊的一个数字，平时总是不出现，今天我特意定制一个，给俊文送点运气。”

俊文觉得很奇怪，问：“为什么‘8’字很难出现？我平时经常看到呀。”

舅舅解释说：“这是数学中一个奇特的现象，我给你解释一下。”

在数学中，123 456 79，中间正好缺8，人们就把它叫作“缺8数”，这“缺8数”有许多让人惊讶的特点，比如用9的倍数与它相乘，乘积竟会是由同一个数组成，数学家把这叫作“清一色”。

比如：123 456 79×9＝111111111；

123 456 79×18＝222222222；

123 456 79×27＝333333333；

123 456 79×36＝444444444；

……

123 456 79×81＝999999999。

这些都是123 456 79乘以9的1倍至9的9倍的积，得出的答案有这样奇特的性质。

除了9的倍数之外，还有一个神奇的现象：当缺8数乘99、108、117、171时，最后得出的答案是：

123 456 79×99＝1222222221；

123 456 79×108＝1333333332；

123 456 79×117＝1444444443；

123 456 79×171＝2111111109同样是“清一色”。

还有一个，将缺8数乘3的倍数但不是9的倍数，可以得出“三位一体”，例如：

123 456 79×12＝148 148 148；

123 456 79×15＝185 185 185；

123 456 79×57＝703 703 703；

……

当乘数不是3的倍数时，此时虽然没有清一色或三位一体的现象，但仍可以看到一种奇异性质：乘积的各位数字均无雷同，缺什么数字存在着明确的规

律，它们是按照“均匀分布”规律出现的。另外，在乘积中缺3、缺6、缺9的情况肯定不存在。让我们看一下乘数在区间（10，17）的情况，其中12和15因是3的倍数，予以排除。

123 456 79 × 10 = 123456790（缺8）；

123 456 79 × 11 = 135802469（缺7）；

123 456 79 × 13 = 160493827（缺5）；

123 456 79 × 14 = 172839506（缺4）；

123 456 79 × 16 = 197530864（缺2）；

123 456 79 × 17 = 209876543（缺1）。

乘数在（19，26）及其他区间（区间长度等于7）的情况与此完全类似。乘积中缺什么数，就像企业或商店中职工“轮休”一样，人人有份，不多不少，不会吃亏也不会占便宜，非常奇妙。

“缺8数”为什么会有这种性质呢？其实这其中并没什么秘密，只要把123 456 79分解质因数就能看出来了。

123 456 79 = 37 × 333667；而37 × 3 = 111，333667 × 3 = 1001001。因此，123 456 79 × 9 = 111 × 1001001 = 111111111。

也就是说，这些看似神奇的东西，经过我们的分析其实是很平凡的结果，只是在我们看来，按照一定的规律出现，比较出乎意料而已。

另外，“缺8数”还有一个有趣的规律，就是它在乘以9的时候，从个位数起，每个进位依次是：8、7、6、5、4、3、2、1。

科学小链接

“缺8数”实际上与循环小数有一定的关联，因为1 ÷ 81＝0.012 345 679，目前循环小数与循环群、周期现象已经引起了很多数学家的注意，其中某种特殊的现象，已经被人着手进行研究。

未卜先知——奇妙的数学公式

放学回到家，俊文顾不得放下书包，就和爸爸说起了今天看到的奇怪事。

“爸爸，今天我们班举办了一场魔术表演，太精彩了，有变扑克、大变活人、移形换位，最精彩是一个头发花白的魔术师，居然能够未卜先知，而且那个魔术是我上台和魔术师在一起表演的，太奇妙了。”俊文兴奋地说。

爸爸问：“第一次上台表演什么感觉？”

俊文回答说：“就是太兴奋了，魔术师简直是个神仙，居然能够知道我心

里在想什么，真是未卜先知。”

爸爸继续追问：“怎么个未卜先知？说来听听，让我也见识见识。”

俊文赶忙回答说：“未卜先知就是可以事先知道一些将要发生的事情。当时，魔术师请我站到讲台上，让我先想一个数字，不告诉他，让我按照他的算法，自己在心里经过一番计算，所得结果他居然预先就可以知道。”

当时的情形是这样的：

魔术师请俊文上台和他配合这个魔术，首先让俊文任意选择了一个三位数，但提出了一个条件：三个数字不能相同，也不能出现0。将这个数的位置逆转成另一个数，即原来的数字为234，逆转之后的数为432。其次，用大数减去小数，把减的差与该差逆转之后的数相加，所得的结果，魔术师已经预先知道。

俊文的生日是3月5日，就选择了三个相连的数字345，逆转之后的数变成了543，543减去345等于198，198的逆转数为891，198＋891等于1089。俊文计算完之后，告诉魔术师自己已经算好了。魔术师微笑着让俊文打开事先写好的纸条，俊文打开之后，看到纸上写的数字正是自己算出来的答案。顿时，同学们掌声雷动，又有一个同学上台试了试，答案同样被魔术师猜中了。尽管两个人选择的数不同，但答案同样都是1089。

俊文说完之后，对爸爸说：“爸爸，那个魔术师厉害吧？”

爸爸神秘地对俊文说："其实，这个魔术我也行，现在我们来进行一下实验。按照上面的条件，你任意说出三个各不相同的数字，不包括0，组合成一个三位数，按照魔术中的方法做，我也能预先知道答案。"

俊文半信半疑地试了试，随便选了三个数字，发现自己计算的答案居然和爸爸纸条上写的一模一样，答案同样是1089。

俊文非常困惑，问："你怎么知道？"

聪明的小朋友，你猜出来了吗？只要你足够细心，就会发现魔术师和俊文爸爸在纸条上写的数字都是1089。其实，不管选择什么数字，只要按照条件选中的数字，按照条件进行计算，答案都是1089。

假想，你选择的三位数为XYZ，其实这三个数就是100X＋10Y＋Z，这个数字的逆转数为100Z＋10Y＋X，两数相减就是100X－100Z＋0＋Z－X，将此数减去100，加上90与10，则为100X－100Z－100＋90＋10＋Z－X，也就是100（X－Z－1）＋90＋（10＋Z－X），将此数位置逆转为100（10＋Z－X）＋90＋（X－Z－1），两数相加得900＋180＋9等于1089。看到这里，你应该能够破解魔术师的奥秘了吧！每次的答案都是固定的1089，这是很多魔术师在魔术中经常玩的一种数学游戏。

俊文高兴地说："以后我一定好好学习数学，知道更多的魔术奥秘。"

科学小链接

有一个类似的魔术：参加的人随便选择一个正整数N，包括0，让参加的人记住自己选择的是几，不要说出来，然后用N乘以2得出A，再用A加8得出B，再用B除以2得出C，用C减去第一次选择的N数字，你会得出4，无论N选择的是几，最后答案都是4，这是数字的奇特所在。

永远不变——不能被放大的角度

在生物课上，老师带领所有的同学去观察蚂蚁在土壤中的生活环境、生活状态，为了能够看清楚蚂蚁，老师给每个同学配备了一个放大镜。

回家之后，俊文认真地写了观察报告。

写完报告之后，他跑到爸爸的书房，让爸爸陪他去买一个放大镜。

爸爸问："你买放大镜做什么用？"

俊文说："放大镜很好玩，能够观察校园里的生物，能够帮助集邮者欣赏鉴定邮票等，老师说它有很多用处。"

爸爸问："还有呢？"

俊文继续回答说："它还有很多用处，可以帮助姥姥、姥爷看书读报，能够把报纸上的字放大几倍、十几倍。放大镜的用处非常多，可以放大所有的东西。"

说到这里的时候，爸爸笑了。

爸爸说："有一样东西，是放大镜无法放大的，连显微镜都放大不了。"

爸爸所说的无法放大的东西，是角。

在一张白纸上画一个30° 的角，测量好角的度数之后，用放大镜放大，在放大镜上面，再对这个角进行测量，你会发现尽管放到了放大镜下，这个角的度数没有任何变化。

为什么放大镜在角的问题上失灵了呢?

这是因为放大镜虽然放大了物体，但是物体本身没有任何的变化，单单从放大镜里面看，只是物体被放大了，但物体的形状并没有任何变化。放大镜不会把圆形的物体变成方形，也不会把正的物体放大成倒的物体。

对角本身而言，在放大镜下，构成角的两条射线的位置不会有任何的变化，原来是水平的，放大后还是水平的，原来是垂直的，放大后还是垂直的。这两条形成角度的射线并没有任何的变化，角度还是那么大。放大镜只是把组成角度的两条射线的比例变大，并没有改变形状。

总之，角度是物体相对位置的问题，而放大镜无法改变物体的位置。

听完了爸爸的解释之后，俊文点点头。“爸爸，其实除了角度，还有东西是不能被放大的。”俊文卖了一个关子。

爸爸笑着说：“真的? 你说是什么? ”

俊文高兴地说：“还有年龄是不能放大的，我今年10岁，不管放大镜有多大，我的年龄都是10岁。”

科学小链接

角度是一个数学名词，表示角的大小的量，通常用度或弧度来表示。根据角的度数分直角、锐角、钝角、平角和周角。直角是90°，锐角是大于0° 小于90° 的角，钝角是大于90° 小于180° 的角，平角是180° 的角，周角是360° 的角。

或然率——奇怪的概率学

俊文的舅舅开了一家彩票投注站，俊文和爸爸一起到舅舅的彩票投注站去参观。

舅舅的彩票投注站并不大，大概有十几平方米，进进出出购买彩票的人非常多，舅舅忙得不亦乐乎，连陪俊文玩的时间都没有，看起来生意很不错。

俊文问："爸爸，彩票是怎么玩的？"

爸爸回答说："彩票是一种概率事件，和你玩硬币是一样的。扔硬币之前，你猜人头在上，掉下来的时候，硬币出现的是人头，你就赢了，否则的话，你就输了。"

俊文接着问："那什么是概率呢？"

概率，又称或然率，是概率论的基本概念，是一个在0到1之间的小数，是对随机事件发生的可能性的度量。就好比猜硬币，猜对猜错的概率都为0.5，不管猜对猜错，都是随机性的事件。

俊文说："那我也买一张彩票，好吗？"

爸爸摇摇头，说："我国法律明确规定，未满18周岁者不得购买彩票，这是国家为了保护未成年人，保证未成年人健康成长专门规定的，你现在还小，不能购买彩票。"

俊文只好看着别人买。

这个时候，爸爸说："我可以和你玩一个游戏，来考考你关于概率的知识。"

在市场上，任何一家彩票投注站一旦出现这样的字眼，都会格外吸引行人的眼球：本彩票投注点开出过5注500万元大奖。（相信数字越高，越能吸引别人的眼球。）

相信任何人看到这样的字眼，都会动心。这里卖出的彩票能够中大奖，如果是你，你认为在这里购买彩票会有比较大的中奖的可能吗?

假设两种情况：

（1）你会选择在这里购买彩票，因为这里曾开出过大奖，相比于其他的地方，中奖的概率会大一些。

（2）不会选择在这里购买彩票，按照概率来计算，全国各处的彩票投注点中奖概率差不多，可是这里已经开出过5注大奖了，还有很多地方没有开出过哪怕是一注大奖。因此，在还没有开过大奖的地方买，中奖概率才会高。

这两个结论哪个是对，哪个是错，还是都不对呢?

设想一个选择题：

看到贴着“本彩票投注点开出过5注500万元大奖”的宣传海报的彩票投注点，认为“中奖的概率大”的想法正确吗?

（1）正确。在开大奖的地方买彩票，中奖概率会相应提高。

（2）不正确。应该在别的地方买。

（3）不正确。无论在哪里买，中奖的概率都是一样的。

聪明的小朋友，你会选择哪一个呢?

其实，第一个和第二个的选择都是不对的，正确的答案是第三个。

500万元的大奖，开出过十次也好，开出过二十次也好，跟中奖概率没有任何关系。

假如中500万元大奖的概率是千万分之一，只要开奖时没有任何舞弊行为，那么无论在哪一家彩票点购买，中奖概率都一样是千万分之一。

也就是说，无论是开出过十次500万元大奖的彩票投注点，还是没有开出过任何大奖的彩票投注点，一张彩票的中奖概率同样是千万分之一。

中国的福利彩票，经过二十多年的发展，已经深入我国社会大众的日常生活中。国家开设彩票事业，是为募集社会公益金，有力地促进了社会福利和社会公益事业的发展。

科学小链接

购买彩票尽管是公益事业，但具有博彩性质。因此，我国法律明确规定：“禁止向未满18周岁者出售彩票和支付中奖奖金。”

生肖游戏——事不过三，一定猜中

俊文放学之后，对爸爸说：“爸爸，刚刚在小区门口看到一个算命的老大爷，利用科学的方法给人算命，算的可准了。”

爸爸并没有觉得奇怪，就问："说来听听，是怎么准呀？"

俊文说："前来算命的人，不用开口，老大爷就能够知道那人姓什么。一个阿姨蹲在那里算命，还没有说什么，对方就把阿姨的姓说出来，你说神奇吗？"

爸爸笑了，说："其实，我也会算命。"

俊文摇摇头，表示怀疑。

爸爸笑着说："我们来做个试验，我通过一个方法就可以知道。"

爸爸准备了十二生肖的卡片，对俊文说："你从中间选择一个，写在旁边的一张白纸上，那张白纸你放好，我不会看的。"

随即，爸爸将这些卡片排成这样一个图形：

鼠	牛	虎	兔
猪			龙
狗			蛇
鸡	猴	羊	马

随后又用同样一张大小的硬纸片，在纸片上面挖了六个洞，然后将卡片盖在这十二生肖上，能看见的生肖分别是鼠、牛、蛇、猴、猪、狗。

然后爸爸问俊文："你能看到你刚刚写在纸片上的生肖吗？"

“能看到。”俊文回答说。

爸爸将有6个洞的纸片旋转了90°，这次纸片上显示的是牛、虎、兔、龙、猴、猪。

停下之后，继续问俊文：“这次你看到了写在纸片上的生肖吗？”

“看到了。”俊文回答说。

爸爸如法炮制，又将硬纸片旋转90°，这次纸片上显示的是龙、蛇、马、羊、猪、虎。

停下之后，爸爸继续问俊文：“这次你看到了写在纸片上的生肖吗？”

“看不到了。”俊文回答说。

爸爸又转了一次，这次纸片上显示的是羊、猴、鸡、狗、虎、蛇。

问：“这次看到了吗？”

俊文回答说：“没看到。”

爸爸停下来，笑着说：“你刚刚写的是牛，对吗？”

俊文顿时瞪大了眼睛，说：“爸爸，你怎么知道的？”

聪明的小朋友，其实，俊文的爸爸使用的是数学里面的集合游戏。

几次转动卡片的时候，都会出现六个生肖，第一次转的时候是：鼠、牛、蛇、猴、猪、狗；第二次转的时候是：牛、虎、兔、龙、猴、猪；第三次转的时候是：龙、蛇、马、羊、猪、虎；第四次转的时候是：羊、猴、鸡、狗、虎、蛇。

第一次旋转的时候，出现了俊文选择的生肖；第二次旋转的时候，同样出现了俊文选择的生肖。这就可以确定俊文选择的在牛、猴、猪之间。第三次旋转的时候，俊文说没有，可以排除猪，第四次旋转的时候，俊文说没有看到，确定不是猴，由此可以确定俊文选择的是牛。

爸爸使用的方法是一种层层排除的方法。俊文说的算命的人，不用别人开口，就能够算出别人姓什么，也是使用的这种方法。

科学小链接

现实生活中，所谓的算命，就是一种迷信手段。要相信科学，远离迷信。

奇怪的空圈——8比11真奇妙

五一黄金周的时候，爸爸妈妈带俊文去乡下看望爷爷奶奶。

爷爷奶奶的家乡正在进行新农村建设，路边到处都堆满了各式各样的钢管。这天，爸爸带俊文出来玩，路边有一片建筑工地，建筑工地堆放着一堆钢管，有粗有细，粗管的管壁要比细管的厚。

这时，爸爸说："俊文，我手边正好有尺子，你量一下管子的内外直径，看会有什么新发现。"

俊文接过尺子，认真地测量着。

他将测量的一个细管子的内外直径告诉了爸爸，爸爸随手记录下来，接着，俊文又测量了几个粗细不同的管子的内外径。

收集了这些数据之后，爸爸对俊文说："你现在对每组数据都计算一下，看能得出什么规律？"

俊文计算之后，说："这些粗管子和细管子似乎没有什么关系。"

爸爸笑着说："你有没有发现粗管子和细管子内外径的比例都是8∶11？"

俊文仔细地看了一下数据，果然发现了这个规律。

俊文好奇地问道："爸爸，这些粗管子和细管子的内外径的比例为什么都是一样的呢？"

爸爸没有立刻回答他的问题，而是笑着反问道："除了钢管之外，还有很多东西的内外径的比例为8∶11，比如植物茎秆的内外径，像向日葵、玉米等一些植物的茎秆，同样遵循着这样一个规律，甚至鸟类的羽毛管和动物的管状骨骼，也是如此。"

这下俊文开了眼界，他赶忙问爸爸原因。

8∶11这个神奇的现象很早就被科学家们发现了，他们经过反复地实验发现，同等材料的金属，管比棒具有大得多的抗弯曲能力，这就是很多东西都做成中空的管状物的原因，比如电线杆、路灯杆。经过科学家的计算发现，内外径之比为8∶11的管子，有最大的抗弯曲的强度。植物、动物在进化的过程中，自然而然地遵循了这一奇妙的8∶11的规律，以使他们的茎秆、管状骨骼更加坚韧、不易弯曲。根据这个规律，很多科学家遵循着这个比例，将它广泛用于人类的生活中，制造了各种需要具备抗弯曲能力的管材。

至于为何是8：11而非8：13、7：11这些近似的数值，科学家推测这是由于分子之间的引力所致，至于确切的原因，还需要人们不断地研究。

听完爸爸的解释，俊文兴奋地说："原来自然界中还有这么多的数学问题。"

爸爸说："其实，8：11并不是自然界中唯一的奇迹，大自然未被人们发现和认识的数学之谜还有很多，有待于你们去研究。"

俊文高兴地说："我一定要好好地学习数学，争取发现大自然中更多的数学秘密。"

科学小链接

农作物中的油菜子的生长规律，具有非常奇特的现象，它的规律是（2，5）、（3，8）、（5，11），括号里面的第一个数是油菜子绕油菜秆的圈数，后面的数是两个相同生长方向油菜子之间的油菜子数目。例如（2，5）的意思是，在这样生长规律的油菜秆上，你任意选定一个油菜子，然后顺着油菜秆向上看去，一定会发现有一个油菜子与起初选定的那个油菜子的生长方向是相同的。因为油菜子是一个一个绕着油菜秆慢慢生长出来的，那么，你再数一下，从起初选定的油菜子，到与这个油菜子生长方向相同的油菜子之间，你会发现油菜子生长是围绕着油菜秆2圈；你再数一下这两个油菜子之间有多少个油菜子，你会发现一共有5个油菜子。

对于这个奇怪的规律，很多的科学家都还没有答案。

第2章　大自然中的数学天才

大自然蕴藏着无限的奥秘。

更加奇特的是，动物能以它自身的力量，取得种种傲人的成就。

动物世界就是数学的世界，它以数学为外衣，引诱人们一步步走近它，一个个叹为观止的事实，展现在你的面前。

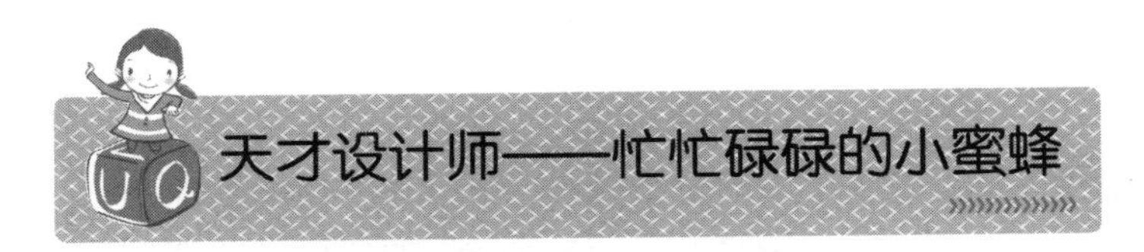

天才设计师——忙忙碌碌的小蜜蜂

暑假的时候，俊文去乡下爷爷奶奶家度假。经过一个暑假的锻炼，俊文认识了很多在城市里无法看到的花花草草，每天都过得很开心。

最让他感到惊奇的是蜜蜂，在距离爷爷家一千米的地方，有一个养蜜蜂的人，和爷爷是好朋友，对方给爷爷送了一瓶天然蜂蜜作为礼物。蜂蜜的味道香甜，可以补充人体缺乏的十几种维生素。

在接触中，俊文对蜜蜂产生了浓厚的兴趣，但担心被蜜蜂蛰到，只能远远地看。

暑假快结束的时候，爸爸来接俊文，俊文将自己的见闻告诉了爸爸。

爸爸说："其实，小蜜蜂还有一个秘密，是你没有发现的，它是天才的建筑师。"

俊文非常不理解，说："小蜜蜂这么小，怎么能做建筑师呢？"

爸爸回答说："蜜蜂是当今世界上最令人敬佩的建筑专家。它们具备极高的天赋，能够用最少材料，设计并建造最大最牢固的蜂房。"

通过观察，蜜蜂的巢房是由一个个正六边形的中空柱状的单间房组成，房门全朝下或朝向一边、背对背对称排列组合而成。正六边形房室之间相互平行，每一间房室大小统一、上下左右距离相等；蜂房直径约0.5厘米，房与房之间紧密相连，整齐有序，都是以中间为基础向两侧水平展开。

蜜蜂的巢房在整体上，从房室底部至开口处都是13°的仰角，这可以有效地防止蜂蜜的流出。除了这个功能之外，当气候炎热、蜂巢内温度升高时，13°的仰角可以恰到好处地帮助工蜂在蜂巢入口的地方，鼓动翅膀扇风，使

巢内的空气流通，因而变得凉爽。13° 的角是恰到好处的角度，最适合空气的流动。

另一侧的房室底部与这一面的底部又相互接合，由三个全等的菱形组成。

19世纪初，瑞士数学家塞莫尔经过十几年的研究，发现正六角柱中，底部由三个全等菱形组成，最省材料的做法是：菱形两邻角分别是109° 26′ 和70° 34′ ，在固定容积下，可有最小表面积。而蜜蜂巢室底部的菱形的两个邻角分别是109° 28′ 和70° 32′ ，和塞莫尔的理论证明结果仅差2′ 而已。

此外，巢房的每间房室的六面隔墙宽度完全相同，两墙之间所夹的角度正好是120° ，形成了一个完美的几何图形。

蜜蜂的巢房为什么要设计成正六边形，而不是正方形或者其他形状呢?

科学家们研究发现，正六边形的建筑结构，密合度最高、所需材料最少、可使用空间最大，一个不大的巢房，可容纳上万只的蜜蜂居住。除此之外，正六边形的各方受力大小均等，容易将受力分散，避免压垮巢房。

蜜蜂的巢房呈现的正六边形的蜂巢结构，展现出惊人的数学才华，令许多建筑设计师们自叹不如。

百余年来，许多建筑设计专家一直在潜心研究蜂巢的设计特点，以帮助人

类建造出最适合人类居住的房屋。在蜂巢结构的启示下，人们创造性地采用各种蜂窝结构技术和产品，他们具有结构稳定、用料省、覆盖面广、强度高和重量轻等众多优点。

例如，在移动通信领域，按蜂窝结构设置基站的位置，能以最少的投资覆盖最大的区域，并使基站内的手机获得最好的通信信号。以蜜蜂巢房结构为基础的蜂窝技术已被广泛用于航空、航天、通信、建筑等领域，并越来越被人们所重视。

科学小链接

蜜蜂不仅是天才的设计师，还是天生的舞蹈家。经过科学家研究，当充当侦察角色的蜜蜂回来跳起“8”字舞时，实际上在表示食物的方位。根据研究，将“8”字的角度和太阳在天空的位置结合起来，是最科学的方向指导仪器，甚至超过指南针，因为指南针在特定的环境下会失去作用。

万年历大师——用身体当日历的珊瑚礁

最近，俊文迷上了海洋生物，喜欢翻看各种各样介绍海洋生物的书籍，并参加了学校的海洋生物兴趣小组。

这天，海洋生物兴趣小组要求小组成员搜集关于珊瑚礁的资料。为了帮助

俊文掌握珊瑚礁的知识，爸爸带着俊文去海洋馆参观珊瑚礁。

在去海洋馆的路上，俊文问道：“珊瑚礁是怎么形成的？有什么用处？”

爸爸神秘地说道：“珊瑚礁是由海洋生物的骨骼堆积在一起形成的，除了造礁珊瑚扮演关键角色之外，还有贝类、石灰藻、孔虫等分泌钙质骨骼的胶结作用形成，并且经过长期的累积，形成巨大的地质构造，也就是珊瑚礁。”

俊文惊讶地说：“原来这么神奇啊。”

爸爸笑着说：“还有更神奇的，珊瑚礁还是万年历，用自己的身体当日历。”

俊文惊讶地说：“那他知道一万年前发生的事情吗？”

爸爸说：“知道，一千万年前的也知道，从它出生的那天起，它能记住所有的事情。”

这里所说的珊瑚礁是万年历，主要是指珊瑚礁对环境的记录。

珊瑚礁在不断壮大的过程中，在自己的身上写下“日历”，它们每年在自己的身体上“刻画”出365条斑纹，显然是一天“画”一条，这一条是它们对自己生存环境的记录，给人类留下了宝贵的资料。

珊瑚礁的形成，是海洋中的一种腔肠动物在海底生长过程中，通过吸收海水微量的钙和二氧化碳，分泌出坚固的石灰石，变为自己生存的外壳。珊瑚虫的个体非常小，只有米粒那么大，但他们属于群居生物，一群一群地聚居在一起，一代代地新陈代谢，生长繁衍，同时不断分泌出石灰石，并黏合在一起。这些石灰石经过以后的压实、石化，形成岛屿和礁石，也就是所谓的珊瑚礁。

在海底世界，珊瑚礁被认为是地球上最古老、最多姿多彩，也是最珍贵的生态系统之一。

由于珊瑚对环境变化敏感、年生长量大、年际界线清楚、连续生长时间长、分布范围广，它是记录热带海洋过去数百至数千年来环境变化的极好材料。

通过了解珊瑚礁，科学家可以掌握2亿年间地球温度、环境的变化规律，通过对世界上最大的珊瑚礁澳大利亚大堡礁的研究，发现该珊瑚礁内礁坪全部由角孔珊瑚组成，从上至下可分为9层，各层角孔珊瑚的覆盖度都在90%以上，层与层之间的生长间断面清楚而平整。通过科学家的分析、研究，得出在1亿年之内，存在至少9次大幅度的气候突然变冷事件。

除了记录气候变化以外，通过珊瑚对现代环境的记录特征，如温度、季风、降雨量等，以及对重金属污染的记录，能进一步开展过去环境的研究和未来环境的监测。

听完爸爸的讲解之后，俊文说："原来珊瑚礁真有万年历的功能，能够记录这么多的事情，看来我以后应该好好学习，争取学到更多的知识。"

科学小链接

近年来，由于人类对地球环境的破坏，许多珊瑚礁出现了白化的现象，甚至造成珊瑚礁死亡，珊瑚礁的面积开始急剧缩小。保护人类赖以生存的环境，保护珊瑚礁已经成了人类刻不容缓的责任。

神算子——体型微小的蚂蚁

俊文在小区的花园里发现了一个蚁窝，每天都有几百只蚂蚁外出觅食，一片繁忙的景象。

为了更好地观察蚂蚁，俊文准备了一个放大镜。

为了培养俊文的兴趣，爸爸准备陪同俊文一起观察，这让俊文非常高兴。

爸爸准备了一块面包，用刀切成大小不一的四份，一块为总体积的二分之一，一块为总体积的四分之一，还有两块为总体积的八分之一。俊文很不理解，问："您为什么要把这些面包切开，而且还分得大小不一？蚂蚁能搬动吗？"

爸爸说："蚂蚁的力气非常大，可以搬起比自身重20倍的物体。"

俊文大吃一惊，说："哇！蚂蚁这么厉害。"

爸爸说："对！这和蚂蚁本身的结构有关系。等会儿你要认真观察，蚂蚁可是大自然中的神算子，拥有超强的计算能力。"

俊文听了之后，笑了："蚂蚁还会计算？"

爸爸回答说："蚂蚁的数学非常好，等会儿你就知道了。"

到了蚁窝之后，爸爸看到有蚂蚁的地方，小心翼翼地将四块大小不一的面包全部放下，拿起放大镜认真地观察蚂蚁的活动。

其中的一只蚂蚁发现这些食物之后，在食物周围转了一圈，立即返回洞中。

爸爸说："现在蚂蚁去告诉它的同伴，让它的同伴过来搬运食物。"果然，大约10分钟以后，很多只蚂蚁都来到了现场，有条不紊地围在这些面包周围，开始搬运面包。

爸爸说："你观察一下面包的大小，并记录有多少只蚂蚁在参与搬运。"

俊文详细地记录下来，他说："最大的一块面包周围有42只蚂蚁，比这块小一半的面包，周围有21只，最少的两块面包周围分别有10只、11只蚂蚁。"

爸爸说："计算一下，有没有发现什么规律？"

聪明的小朋友，你发现其中的规律了吗？

四块面包的重量，最大的为中等大的两倍，最小的是中等大的二分之一，而搬运这些面包的蚂蚁同样是成倍数增长。这揭示了一个规律：搬运食物的蚂蚁数与每块食物的重量成正比。

很明显，报信的蚂蚁简单地对每块食物的重量和体积进行了估算，蚂蚁能有如此精确的计算能力，可见它们本领的高强了。

专家研究发现，蚂蚁的计算能力非常强，需要一只蚂蚁就能搬动的米粒，很少出现2只蚂蚁搬的情况，需要20只蚂蚁搬得动的食物，不会出现30只蚂蚁搬的现象。这说明蚂蚁不会出现人力、物力浪费的现象，事先都是经过了精确的计算。

除此之外，蚂蚁对自己的行程也有着比较精密的计算。

从蚁窝出来寻找食物的蚂蚁，它们行走的过程中绝对不会出现迷路的现

象，也不会出现走多久不知道路程的情况。蚂蚁在前行的过程中，对自己行走的路程和方向计算得比较精确，这是因为它们体内有一种“计步器”。

“计步器”是通过计算步幅长度来计算行程的，依靠这种“计步器”，蚂蚁能够很好地计算出自己行进的路程，同时能够找到回家的路。

除了是神算子之外，蚂蚁还是建筑专家。

最具代表性的是在沙漠中生存的一种蚂蚁，这种蚂蚁建的窝远看就如一座城堡，有4.5米高。里面的构建非常科学，居住场所、存放食物的地方分明，蚁窝里面通风，冬暖夏凉，而且坚固、安全、舒服，道路四通八达。

听完爸爸的介绍之后，俊文说：“我又学到了新知识，原来小小的蚂蚁，还有这么大的学问。”

科学小链接

蚂蚁的蚁窝坚固、耐用，设计合理，其建筑特点对人类的建筑物抵抗地震有很强的指导意义。

角度专家——美丽的丹顶鹤

在动物园游玩的时候，俊文被美丽的丹顶鹤所吸引，徘徊在观赏丹顶鹤的区域，久久不愿意离开。

爸爸问：“俊文，为什么这么喜欢丹顶鹤？”

俊文抬起头，忧郁地说道："我们老师曾经和我们说过一个故事，说有一个小女孩，为了救两只丹顶鹤，结果滑进沼泽地，离开了人世。"

爸爸说："这个女孩非常坚强，但她的离开，唤醒了人们保护生态环境的意识。女孩的行为很感人，很有价值。"

俊文说："这些丹顶鹤能飞多高多远？"

爸爸说："丹顶鹤能飞很高很远，而且丹顶鹤是飞行界的角度专家，它们的飞行角度和路线现在还是未解之谜。"

丹顶鹤在我们国家被作为长寿的象征，繁殖地在中国的长江下游的江苏盐城，三江平原的松嫩平原，在云南也有少量野生种群分布，它主要生活在沼泽地中。

丹顶鹤每年要在繁殖地和越冬地之间进行迁徙，在迁徙的过程中，总是成群结队地迁飞，排成一个"人"字形，形成一道美丽的风景。

它们飞行的角度引起了很多人的好奇，丹顶鹤以"人"字形往前飞，排列得非常整齐，动作同样非常协调，令人叹为观止。更为有趣的是，"人"字形的角度永远保持110°，"人"字夹角的一半，即每一边与鹤群前进的方向的夹角度数为55°，这个角度与世界上最坚硬的物质——金刚石晶体结构中的碳原子间的角度完全吻合。

这两种截然不同的东西，在角度上却达到了惊人的一致。这两者的一致究竟是巧合，还是大自然的某种默契?

自从发现这两者的关系后，很多科学家都在研究它，但却一直没有找到能够说服众人的答案。

对于丹顶鹤飞行的角度为110°，科学家经过研究，得出如下结论。

（1）丹顶鹤保持这种"人"字形状飞行，可以让丹顶鹤利用彼此间的翅膀在摆动时所产生的上升气流，从而增加滑翔时间，节约体能。

（2）"人"字的编队能够增进鸟与鸟之间的交流，领头鸟发出的有关信息和命令可以畅通无阻，准确、迅速、方便地传达给这个迁飞集体中的每一

个成员。

（3）这种编队有利于及时发现因体力不支而掉队的伙伴，使年幼的、体弱的、生病的同类得到大家的帮助和鼓励。

站在动物的本能角度考虑，“人”字形的队伍不但充满美感，而且显得团结，能够给天敌以一种威慑力量，使其望而生畏而不敢发起进攻，确保迁飞的安全。

大自然中，除了丹顶鹤以外，大雁的飞行形状也是“人”字形，有时还会摆出“一”字形，这同样可以用空气动力学进行解释。这两种形状的飞行要比消耗同样能量而单独飞行的大雁多飞70%的路程。

但是，大雁飞行时排列的角度却没有丹顶鹤的形状美观，具体原因还没有大家一致认可的结论。

俊文听了之后，露出惊讶的表情，说：“原来丹顶鹤身上还有这样的秘密。”

爸爸说：“大自然中的奥秘太多太多了，你一定要努力学习，争取解开更多的秘密。”

科学小链接

金刚石俗称“金刚钻”，也就是我们常说的钻石，它是一种由纯碳组成的矿物，是自然界中最坚硬的物质。在婚礼上，新郎会给新娘佩戴钻戒。

几何专家——抱团取暖的小猫

期末考试俊文考了班级第二名，得到了一张奖状，这让姥爷非常高兴。作为奖励，姥爷将自己喂养的小猫送给了俊文。

看到小猫之后，俊文很高兴。

爸爸说：“你要好好地照顾小猫，它可是了不起的几何专家呢。”

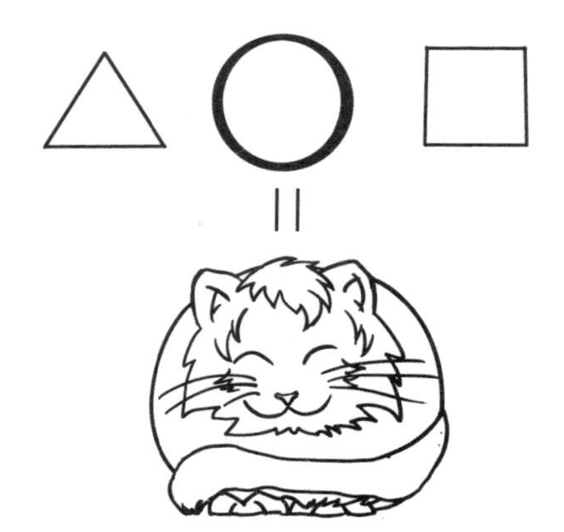

爸爸的话让俊文觉得很奇怪，问：“小猫怎么成了几何专家了？”

爸爸回答说：“你看小猫睡觉的时候是什么形状？”

“球形。”俊文观察了一下，回答说。

“这中间也有数学知识，因为球形使身体的表面积最小，从而散发的热量也最少，这样猫身上的热量就不容易散出去。”爸爸解释说。

在现实生活中，通过减小表面积从而减少热量散失的事例比比皆是。比如，家庭中常用的日光灯，里面的钨丝是螺旋状。因为螺旋状减小了钨丝的体积，有助于保持热量，不易散失。

冬天的时候，很多人为了取暖，会选择将手牢牢地抱在胸前，正是为了减少面积，降低热量的散失。

八卦阵——运筹帷幄的蜘蛛

看电视剧《三国演义》，当看到诸葛亮摆出的八卦阵将司马懿的三员虎将戴陵、张虎、乐平层层围住，最后来个瓮中捉鳖，轻而易举地抓住的情节时，俊文禁不住拍手叫好。

爸爸赞叹说：“诸葛亮的八卦阵果然厉害。”

俊文也跟着说：“是挺厉害，诸葛亮真厉害。”

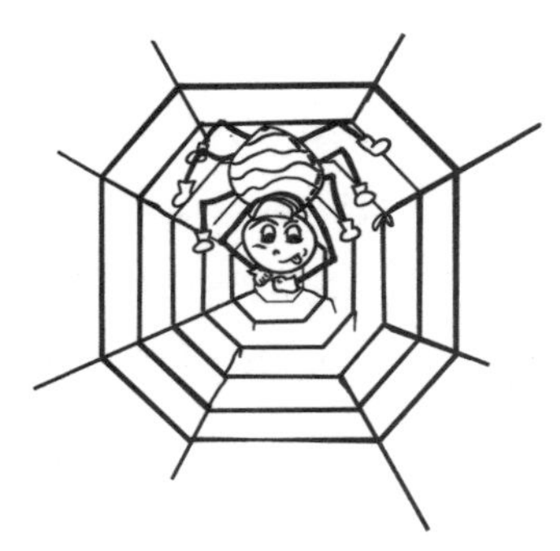

爸爸突然想考考俊文，就说：“俊文，你知道诸葛亮的老师是谁吗？”

俊文想了想，摇摇头说：“不知道。诸葛亮还有老师？”

爸爸笑着说：“对呀，是哪个老师教诸葛亮摆的八卦阵？”

俊文摇摇头，回答说不知道。

爸爸说：“诸葛亮的老师是蜘蛛。”

俊文大吃一惊：“蜘蛛？蜘蛛又不会说话，怎么会教他摆八卦阵呢？”

爸爸笑着说：“你看过蜘蛛网吗？就是一张‘八卦’形状的网，是一张既复杂又美丽的八角形几何图案。其实，在现实中，人们即使用直尺和圆规也很难画出像蜘蛛网那样匀称的图案。诸葛亮的八卦阵就是由蜘蛛网得到的启发。”

蜘蛛网的中心是螺旋形的蛛丝，以环状四散开来，看似复杂，其实秩序井然。科学家研究发现，蜘蛛丝是世界上最细的天然丝线，但每一根细细的蛛丝是由六股蛛丝构成的。一张看似不起眼的蜘蛛网是由六千多条细丝织成的。

尽管蛛丝如此细，可是很坚韧，它能够捆住昆虫，承受露珠和灰尘。一直以来，很多科学家都在研究蛛丝的成分，为人类造福。

蛛丝是由蜘蛛的身体产生出来的，它和蚕丝有很大的不同，蚕丝是从口中吐出来的，蛛丝则不是从蜘蛛的嘴里吐出来的，而是从身体内产生的。蜘蛛的腹部末端有三对突起的“纺绩器”，顶上有很多细孔，这些细孔通着腹部里面的许多小丝腺，这些小丝腺里含丝液。这种丝液由“纺绩器”顶上的细孔流出，一遇空气，立刻硬化，变成一条细丝。

蜘蛛的种类很多，织出的网的样式各不相同，但整体而言，都是由中心一

个点四散开来。从表面上看，网的形状很不整齐，有时好像一团乱丝，不过细细去看，线线之间井然有序，毫无错乱。其中最为常见的蜘蛛网，呈八卦形状，织得非常精美。

蜘蛛织网的过程，对现代的建筑具有重大的指导意义。

首先，在织网之前，它首先要搭个框架做基础。蜘蛛搭这种框架，常常表现出非常惊人的技巧。在地址的选择上，蜘蛛会经过精密的计算和设计。这个地址要能够安排一个方形框架的四个支点，利用蛛丝连接支点，搭成一个方形的框架。

其次，框架搭成后，蜘蛛就在这框架的两条横线的两个中点之间，牵一条直线，直线的中点作为全网的中心点。接下来从中心点出发，以同等距离，牵出许多放射线到框架的四边上。

最后，蜘蛛由中心点牵一根螺旋线，大步地向外旋绕，直绕到周围，联结每一条放射线。

看似漫不经心的结网，每一条相邻的两根线之间的距离都是按照固定的比例进行，每两条相邻的线之间的距离，从里到外，呈递增趋势，而且距离非常精确。

蜘蛛网的形状，对于当今的一些城市解决交通拥堵问题具有很大的借鉴意义。

听了爸爸的讲述之后，俊文说："蜘蛛网的材料是什么做的？我能不能也做一个？"

爸爸笑了，说："蜘蛛网的材料，到目前为止还没有科学家研究出来。你要好好学习，争取以后能够解决这个问题。"

科学小链接

经过科学实验，蜘蛛丝的强度比同等重量的钢还要强，弹性也较高，是材料学的研究课题之一，具有产业上的潜在应用价值，可用于制造防弹背心或人造肌腱等。

向日葵——植物世界的数学专家

爷爷家门口种了很多向日葵，远远望去，金黄色的一片，非常壮观。

吃完饭后，俊文就拉着爸爸去看向日葵，爸爸笑着说：“我小时候经常在这里玩，向日葵的花盘和叶子都非常好看。”

俊文让爸爸用手机拍了一张照片，说冲洗出来给小伙伴们看。

爸爸说：“俊文，你过来看向日葵的花盘。”

俊文跑过来，说：“怎么了？”

爸爸笑着说：“向日葵可是植物中有名的数学专家，它身上具备的数学知识可是非常多的。”

俊文说：“它能有什么数学知识？”

爸爸指着向日葵的花盘，在爸爸的提醒下，俊文注意到向日葵的花盘非常有特点，花盘上有两组螺旋线：一组是顺时针方向盘绕，另一组则逆时针方向盘绕，并且彼此相嵌。

除此之外，向日葵中种子的顺、逆时针方向和螺旋线有很大的关系，尽管向日葵种子顺、逆时针方向和螺旋线的数量有所不同，但都会遵循一定的规律，往往不会超出34和55、55和89以及89和144这三组数字。前一个数字表示的是顺时针盘绕的线数，后一个数字代表的则是逆时针盘绕的线数，而且每组数字都是斐波那契数列中相邻的两个数。

这里解释一下斐波那契数列。斐波那契是意大利的著名数学家，他发现了一组奇怪的数列。下面以兔子为例。

一般而言，兔子在出生两个月后，就有繁殖能力，一对兔子每个月能生出

一对小兔子来。如果所有的兔子都不会死，那么一年以后可以繁殖多少对兔子?

这里需要分析一下，第一个月小兔子没有繁殖能力，所以还是一对；两个月后，生下一对小兔总数共有两对；三个月以后，老兔子又生下一对，因为小兔子还没有繁殖能力，所以一共是三对……

依次类推可以列出下表：

时间（月）	0	1	2	3	4	5	6	7	8	9	10	11	12
幼崽对数	1	0	1	1	2	3	5	8	13	21	34	55	89
成年兔对数	0	1	1	2	3	5	8	13	21	34	55	89	144
兔子总对数	1	1	2	3	5	8	13	21	34	55	89	144	233

这就是斐波那契数列。

向日葵的盘绕线数和结出的种子呈现盘绕斐波那契数列的情况。

除此之外，向日葵的两组螺旋线还有一个数学现象，两组螺旋线的发散角恰好为137.5°。137.5°有着黄金角之称。

如果用黄金分割率0.618来划分360°的圆周，所得的角度约等于222.5°，而在整个圆周内，与222.5°角相对应的外角就是137.5°，所以

137.5°角就是圆的黄金分割角，也叫作“黄金角”。

经过研究发现，只有当发散角等于137.5°时，向日葵花盘上的果实才会彼此紧密契合，没有一点缝隙，果实排列分布才最多、最紧密和最匀称，也最有利于果实生长。同时，植株的茎叶和果实才可以占有最大的空间，以获取最多的阳光，承接最多的雨水，也最有利于植株的生长。

在现代建筑方面，建筑设计师将植物的这一特性应用到建筑上，建筑设计师们参照向日葵花盘上的137.5°排列的模式，设计出新颖的“黄金角”大楼。根据向日葵花盘设计的大楼，每个房间都有最佳采光、最佳通风的良好效果。

科学小链接

夏天的时候，很多人所使用的扇子都是圆心角为137.5°的扇形，因为这样的弧度用手扇起来最省力，风也最适宜，并最具美感，这就是黄金角带给人们的启示。

正弦函数——蛇的前进路线

一场大雨过后，天气瞬间凉爽下来，爸爸带着俊文出去散步。

小区里的人非常多，大家都在享受大雨过后清爽的空气和凉爽的天气。突然不远处传来一声尖叫：“有蛇！”这句话吓坏了很多居民。俊文和爸爸赶紧跑过去，看到了一条一米长的深褐色的蛇在小区绿化带附近“闲庭信步”。

这个消息引起很多人的热议，有一位住在一层的住户说：“这里怎么会有蛇呢？会危害我们的生命安全的，尤其是现在，天气越来越热，晚上都要开窗睡觉，万一蛇爬进屋里怎么办？”

听到这里，俊文拉了拉爸爸的衣袖。爸爸说：“大家不要怕，我们这里的蛇多为水蛇和菜蛇，在小区内出现的蛇应该不会有毒。千万不要招惹它，蛇一般不会主动攻击人。另外，我们小区有爬行动物潜伏，充分说明小区绿化和生态环境好，适宜居住。只要给物业打电话，让物业过来处理一下即可。”

俊文在生物课上，曾经听老师介绍过蛇。蛇是一种冷血动物，爬行速度很快，和人类的步行速度不相上下，每小时8公里左右。

“爸爸，蛇没有腿怎么也能够行走呢？”俊文问。

爸爸回答说：“蛇的爬行路线是非常科学的，你观察一下蛇的爬行路线。”

俊文认真地观察了一下，发现蛇是按照曲线前进的，似乎是一个“S”形状。

爸爸说：“蛇是以正弦函数的图形前进的。”

正弦函数是三角函数的一种，其图形如下：

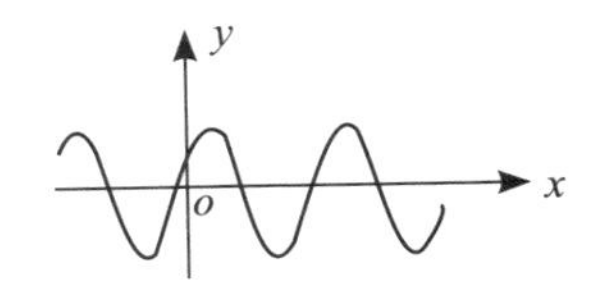

蛇的身体在地面上作“S”形状弯曲，使弯曲处的后边施力于粗糙的地面上，由地面的反作用力推动蛇体前进。

蛇在爬行时，行走的路线是一个正弦函数图形。由于蛇的脊椎是一节一节连接起来的，节与节之间有较大的活动余地。如果把每一节的平面坐标固定下来，并以开始点为坐标原点，就会发现蛇是按着正弦函数曲线有规律地运动的。

蛇的这种前行路线，能够保证它以最小的体力消耗，爬行最大的长度。

为何蛇能够走如此精确的路线，科学家怀疑是和蛇的身体构造有关系。但一直没有找到有说服力的证据。

俊文听完之后，惊奇地说道：“蛇的行走路线还有这么多的数学知识呢，真是太奇怪了。”

这个时候，物业管理人员过来了，将蛇装进一个编织袋里，送到野外去了。

科学小链接

在正弦函数中，$\sin30°$ 的值为$\frac{1}{2}$，$\sin60°$ 的值为$\frac{\sqrt{3}}{2}$，$\sin90°$ 的值为1。

不是奇闻——动物也懂算术

楼下的邻居家买了一只鹦鹉，放在窗台上。俊文每天放学的时候，都会和小伙伴逗那只漂亮的鹦鹉。在主人的培训下，鹦鹉慢慢地能够说一些简单的词，比如“你好”，但再多的就不会说了。

和妈妈一起回家时，俊文又看到了那只鹦鹉，很远就冲鹦鹉打招呼：“你好！”

鹦鹉也冲俊文说了一句：“你好。”

这让俊文高兴了好半天。

俊文说：“鹦鹉是不是世界上最聪明的鸟类？”

妈妈回答说：“我也不知道，但是我知道大自然中有很多动物识数。”

妈妈的话引起了俊文的好奇。

根据科学家研究，在大自然中有很多动物都识数，其中尤其是以蚂蚁最为著名。

前面已经介绍过，科学家的研究发现，蚂蚁的计数本领在自然界动物中是最强的，甚至从某种程度上来说，要超过人类的计算水平。在搬运食物的过程中，对食物的质量和蚂蚁自身的数量把握得非常准确，其精确程度令人叫绝。

除了蚂蚁之外，广泛分布在中国东北地区、内蒙古的田凫也是一种能识数的动物。曾经有人做过实验，在田凫面前放3只小盘子，每只盘子中都放着它爱吃的小虫子，分别是1条、2条和3条。经过测试发现，很多时候，田凫都是先吃2条的，偶尔也会选择先吃3条的，但从来不先吃1条的。这说明，田凫知道2比1多，只吃2条的，说明田凫大概只能数到2。

生活中常见的鸽子对数字的认识也让人吃惊。有人对鸽子做了一项实验：喂食玉米的时候，一粒一粒喂给它吃，每次都只喂7粒。突然在地上撒给它8粒玉米，它居然不吃。这说明鸽子能识数，但只能认到7。

乌鸦也有简单的识数能力。曾经有科学家在乌鸦的窝下面做了个实验。

在乌鸦窝的下面搭一个草棚，让8个人分别扮演成猎人，一一走到棚里面去。乌鸦看到有人到了下面的棚子里，就飞到大树上躲起来。8个猎人当着乌鸦的面走到对面的草棚里休息，过了一会走掉一个猎人，乌鸦不飞下来；又走掉一个猎人，乌鸦仍不飞下来；走掉7个猎人后，乌鸦就从大树上飞了下来。可能是它以为猎人全走了，可见乌鸦可以数到7。

经过研究发现，动物识数的本能是出于自我保护，而且大多数只能简单识别到7，这和动物的生存环境有某种关联，只是至今还没有科学的解释。

俊文说："那马戏团里的小猫小狗都能进行简单的加减乘除计算，可比这些乌鸦、鸽子聪明多了。"

妈妈笑着说："马戏团里那些能进行运算的小猫小狗，是经过饲养员培训的，只是条件反射，并不是真正地能进行加减运算。"

科学小链接

动物的某些本能甚至人类都自叹不如。比如大自然中在陆地上生活的某些动物，不需要练习，都可以游泳，除了人类和猴子之外。

第3章　幽默的数学小故事

数学是美好的、有趣的。在生活中产生的数学故事，更是妙趣横生。这是因为故事一般都有人物、事件和情节。将数学问题贯穿在故事的事件、情节里，故事便蕴含着判断、推理和演算。你在听故事的同时，要动脑筋想问题。在解决问题的过程中，发展了智力，提高了能力。

循环座位——吃不到免费的午餐

爷爷过生日，爸爸妈妈带着俊文给爷爷过寿，几个孩子坐在一个小桌子上。但为了谁坐最靠近爷爷的两个位置，孩子们发生了争执。

几个孩子都想坐靠近爷爷的位置，都不愿意坐在距离爷爷最远的位置上，大家为此争执不下。

这个时候，俊文的爸爸走过来，说："保持安静，现在我来给你们安排。"

几个孩子一听，临时选择了一个座位坐下来，听大人的意见。

俊文的爸爸态度从容、胸有成竹地说："今天是老寿星的生日，一定不能争吵。这样，如果你们都想坐这个位置，就把现在的入座情况记下来，等爷爷下一次生日的时候再按另一个次序排列，后年再来，再按一个新的次序排列。一句话，你们每次来给爷爷过寿，都不要重复上一年的座次，这样不论距离爷爷远近的位置，人人都会轮着，公平合理。另外，我还有个惊喜给你们：你们总共5位，等到全部轮流一遍，回复到今年这样座次时，我将带你们去欢乐谷去旅游。你们觉得怎么样？"

"可以去欢乐谷游玩，这太好了！"几个孩子都鼓起掌来。

为了能够去欢乐谷，几个孩子都安静了下来，安心地陪爷爷吃饭。

于是，这5个孩子都不再争论，陪着爷爷快乐地度过了生日。

回家的路上，俊文说："爸爸，你真会去带我们去欢乐谷吗？"

爸爸笑着说："当然了，只要你们能够实现我说的话，肯定带你们去。"

聪明的小朋友，你们猜一猜，俊文他们想去欢乐谷游玩的理想能够实现吗？

能不能实现，计算一下便找到答案了。

这是数学中排列组合公式的运用，要实现爸爸说的条件，任何一步的一种方法都不能完成此任务，必须且只须连续完成所有的要求才能完成此任务。其中，只要有一步中所采取的方法不同，则对应的实现此事的方法也不同。

假如只是3 个人争抢座位，需要六次便可重复了，即：123、132、213、231、312、321。

假定是4个人争抢位置，其中一个人座位不动，其他三位需变化六次，才重复，即：4123、4132、4213、4231、4312、4321。当第四个人一动，则需$6\times4=24$ 次才能重复。由此可以推出，俊文他们要实现爸爸说的条件，就需要$24\times5=120$次，也就是说，爷爷需要再过119次生日才能实现。

这就是说，这5个孩子，即使一辈子都能给爷爷过生日，一辈子都能陪爷爷吃饭，也不会再重复原来座次的。也就是说，俊文的爸爸用最让人惊喜的办法奖励他们，却是不可能实现的，因为到重复座位之前，他们有可能都已经去世了。

科学小链接

在排列组合中，做一件事，完成它需要分成n个步骤，做第一步有m_1种不同的方法，做第二步有m_2种不同的方法……做第n步有m_n种不同的方法，那么完成这件事共有$n=m_1 \times m_2 \times m_3 \times \cdots \times m_n$种不同的方法。

年龄之谜——墓志铭上的数学题

俊文的小姨给俊文买了一本名人传记，里面介绍的是各个行业著名人物的生平经历、贡献以及相关的一些传说故事，俊文爱不释手。

其中一个叫丢番图的数学家的故事，让俊文觉得数学家真是了不起。

丢番图是古希腊著名的数学家，关于他的出生时间，任何书上都没有明确记载。在丢番图因在数学方面做出成就而被人们誉为“代数学的鼻祖”后，引起很多人的关注，纷纷打探他的身世，但连他的最简单的出生年月，都没有人能够弄清楚。为了让人们了解自己的人生经历，同时让更多人关心数学，他有意将这一秘密写进了自撰的墓志铭中。

墓志铭上有一道很经典的数学题目，记录了这位数学家不凡的一生：

过路的人！

这儿埋葬着丢番图。

请计算下列书目，便可知他一生经过了多少寒暑。

他生命的六分之一是幸福的童年；

再活十二分之一，颊上长出了细细的胡须；

又过了生命的七分之一他才结婚；

再过了五年他感到很幸福，得了一个儿子；

可是这孩子光辉灿烂的生命只有他父亲的一半；

儿子死后，老人在悲痛中活了四年，结束了尘世的生涯。

看了这篇墓志铭之后，请你算一算，丢番图活了多少岁?

这个问题引起了很多人的兴趣，在丢番图死后，众多的数学爱好者到他的墓前去祭拜他，解答丢番图留给世界最后的一道数学题。

这道题直观地来解，非常困难，但如果用方程来解，则会迎刃而解。按照对题目的不同理解，该题可有两种答案：

假设丢番图活了x岁。

1.如果丢番图儿子去世时是丢番图寿命的一半，则解法如下。

解：

$$\frac{1}{6}x+\frac{1}{12}x+\frac{1}{7}x+5+\frac{1}{2}x+4=x$$

$$\frac{25}{28}x+9=x$$

$$x-\frac{25}{28}x=9$$

$$\frac{3}{28}x=9$$

$$x=84$$

由此可以得知丢番图活了84岁。

2.如果将墓志铭中“这孩子光辉灿烂的生命只有他父亲的一半”理解为是丢番图当时年龄的一半，那就有了一个完全不同的解了。

解：

$\frac{1}{6}x+\frac{1}{12}x+\frac{1}{7}x+5+\frac{1}{2}(x-4)+4=x$

$x-\frac{25}{28}x=7$

$\frac{3}{28}x=7$

$x\approx 65$

除了丢番图之后，还有许多数学家在离开人世之后，人们为了表示对他们卓越贡献的表彰和纪念，或者遵照他们的遗嘱，常在这些数学家的墓碑上留下数学内容，成为“数学墓碑”。

科学小链接

方程是表示两个数学式之间相等关系的一种等式，通常在两者之间用等号“=”。方程不用按逆向思维思考，可直接列出等式并含有未知数。它具有多种形式，如一元一次方程、二元一次方程等，广泛应用于数学、物理等理科应用题的运算。

数字怪圈——可怕的数字黑洞

俊文在看从学校图书馆里借的《死神的居住地百慕大三角》这本科普读物，感觉奇妙极了。

百慕大三角位于太平洋中，这里似乎有一种极强的力量，有一个巨大的陷阱，飞机、禽鸟、帆船、军舰……只要踏进去，便永远不能返回。

俊文将看到的文章讲给爸爸妈妈听，两个人也为百慕大三角的怪异不时发出惊叹。

说完之后，爸爸说："其实，在自然数王国里，也存在与百慕大三角相似的'陷阱'，一旦有数字陷进去，便只能在谷底苦苦挣扎，永远也逃脱不出。"

爸爸的一句话，吊起了俊文的胃口。

爸爸说的没有错，在数学中，的确存在这样一个奇怪的数学公式，能够将任何数陷入这个公式中，最后只能落入一个陷阱中。

现在，就带你进入这个奇怪的数学公式中。你可以任写一个三位数，然后进行如下操作：

将三个数字的和乘以2，得数作为重组三位数的百位数和十位数；将原数的十位数字与个位数字的和（如果得到的是两位数，再将数字相加得出和）作为新三位数的个位数。此后，再对重组的三位数重复这一过程，你将看到，必有一数落入大三角中。

如任写一个数732，按要求，其转换过程是：$(7+3+2)\times 2=24$……作新三位的百位、十位数。

$3+2=5$……作新三位数的个位数。

组成新三位数245，重复上述过程，继续下去是：245→229→262→208→208→208……

结果，208落入"陷阱"。

再举一例：127，按要求，其转换过程是：$(1+2+7)\times 2=20$……作新三位的百位、十位数。$2+7=9$……作新三位数的个位数。

组成新三位数209，重复上述过程，继续下去是：209→229→262→208→208……

结果，208落入"陷阱"。

还有一种运算规则，同样能够将一个三位数带入大三角中，规则如下：

1.若是3 的倍数，便将该数除以3。

2.若不是3 的倍数，便将各数位的数加起来再平方。

如：129

$129 \div 3 = 43 \rightarrow (4+3)^2 \rightarrow 49 \rightarrow (4+9)^2 \rightarrow 169 \rightarrow (1+6+9)^2 \rightarrow 256 \rightarrow (2+5+6)^2 \rightarrow 169 \rightarrow (1+6+9)^2 \rightarrow 256 \rightarrow (2+5+6)^2 \rightarrow \cdots\cdots$

结果进入“169→256”的死循环，再也跳不出去了。

在数学中，一些数字规则会将数字带入一个死胡同，只要你足够用心，就会发现更多类似的现象。

科学小链接

聪明的小朋友，落入陷阱的数，只能在原地打转，去而不返。可是，我们同样也可以加入一个规则，让一些已经落入陷阱的数，再循着原路返回去，你能够做到吗？

平均数——难以捉摸的平均数

刚放学回到家，书包还未来得及放下来，俊文就告诉了妈妈一件事。俊文说："妈妈，今天五年级有三个同学，在中午的时候，私自跑到一个池塘里去游泳，结果溺水了，差点淹死。"

妈妈听了之后，也吓了一跳，说："是怎么回事？"

俊文说："他们三个人去游泳的池塘边，有一块木牌，上面写着'平均水深1.2米'，那三个同学的身高都超过1.6米，就跳下去游泳了，结果溺水了。"

妈妈听了之后，嘱咐俊文，说："你以后可不能轻易地去游泳，一定要事先告诉爸爸妈妈。"

俊文点点头。

"妈妈，池塘的水深只有1.2米，他们三个人的身高都超过1.6米，在池塘里还能露出40厘米呢，怎么还会溺水呢？"俊文不解地问道。

其实，要弄清楚这个问题，先要弄清"水深"和"平均水深"的概念，这两个概念是完全不同的。"水深"是池塘里的某一处水的深度，而平均水深是指池塘里各处水的平均深度。在同一个池塘里，"水深"要大于"平均水深"。

俊文的校友身高超过1.6米，1.6米的人会溺水，说明有的地方水深超过1.6米，有的地方水深不足1米。

究竟什么是平均值呢？先来看一个事例。

有六个小朋友，他们的身高分别为1.60米、1.40米、1.46米、1.30米、1.72米、1.28米，那他们的平均身高就是几个人的身高加起来，除以6，答案为$(1.60+1.40+1.46+1.30+1.72+1.28)\div 6=1.46$米。平均值是一个综合运算的结果。因此，平均数可能比这组数中的一些数大，也可能比一些数小，也可能与某些数相等。

俊文的校友没有弄清楚平均水深的概念，误以为池塘各处的水深都为1.2米。其实，事实并非如此，有些地方水深超过1.2米，有些地方不足1.2米。超过1.2米的地方如果水深达到1.7米或者更深，那身高1.6米的人去游泳就有可能出现危险。

在数学运算中，平均数是反映一组数据集中趋势的量数，它是反映数据集中趋势的一项指标。在统计工作中，平均数(均值)和标准差是描述数据资料集中趋势和离散程度的两个最重要的测度值，在生活中运用得比较广。

学校举办科普小知识竞赛，分数出来后，俊文的物理、化学、生物的分数都很高，唯独数学分数，由于考试的时候粗心，两道会做的题目都答错了，分数是刚刚及格。他担心妈妈知道后会批评他，后来想了一个好办法，逃过了妈妈的批评。

原来，回到家的时候，妈妈问他科普竞赛考得怎么样，他笑着说："我的平均分数是90分，具体的我记得不太清楚了。"

尽管逃过了妈妈的批评，但俊文在心里对自己说："以后考试一定不能粗心大意。"

聪明的俊文用平均分数，让自己免遭了一顿批评。

科学小链接

平均数在生活中运用得比较多，既可以反映一组数据的一般情况，也可以用它进行不同组数据的比较，以看出组与组之间的差别。用平均数表示一组数据的情况，有直观、简明的特点，所以在日常生活中经常用到，如平均速度、平均身高、平均产量、平均成绩等。

天下粮仓——一张棋盘装天下粮

学校组织学生“为贫困地区学生献爱心”活动，俊文从自己的储蓄罐里拿出了5元钱，这5元钱是俊文每周末在家里做些力所能及的家务时得到的报酬。

拿出5元钱之后，俊文望着储蓄罐，对妈妈说：“妈妈，我要多久才能存满整个储蓄罐？”

妈妈笑着说：“只要你每天都选择坚持，平时节约零用钱，很快就可以存满了。”

俊文无奈地撇撇嘴，认为妈妈说的话不真诚。

妈妈对他说：“这样，今天，我给你一元钱，你放在储蓄罐里，明天给你两元钱，你放在储蓄罐里，后天继续给你翻倍，很快就可以实现。”

俊文怀疑地望了妈妈一眼，说：“即便是这样，至少也要两个月才能够存满。”

妈妈没有反驳，说：“那我们试试之后再说吧！”

妈妈兑现了当初的承诺，不到十天，俊文的大储蓄罐存得满满的。

这时，俊文望着满当当的储蓄罐，惊呆了。

他说：“妈妈，怎么会那么快？”

妈妈没有直接回答他的问题，而是说：“如果按照这种方法，在一个棋盘上放上米粒，全国的粮仓的米粒都放进去，也不能填满。”

这种现象，在数学中被称为几何级数增长。简单来说，成倍数地增长。例如：2，4，8，16，32，64……后一个数是前一个数的2倍。也可以是3，9，27，81……后一个数是前一个数的3倍。

几何级数增长，看起来是个非常普通的数学式，但在现实中，结果非常惊人。

关于几何级数增长，有这样一个故事：

在阿凡提的故乡，有一年赶上了大旱，颗粒无收，百姓苦不堪言。然而，在王宫内确是另一番景象：国王和大臣们整日吃喝玩乐。智者阿凡提经过苦思冥想，终于想到了一条解救百姓的办法。

有一天，阿凡提应邀与国王下围棋。在下围棋之前，阿凡提说：“尊敬的国王，由于饥荒，我的家里已经到了无米做饭的境地了，如果我侥幸赢了，还希望国王能赐予我一些米。”国王点点头，说：“准！你想要多少？”阿凡提对国王说：“我只需要一些粮食，只要在棋盘上第一格放一粒米，第二格放二

粒，第三格放四粒，第四格放十六粒……按这个规律直到把整个棋盘324个格子放满就行。"

国王大笑，说："没有问题，如果你能赢了我，一定满足你的要求。"

结果，阿凡提赢了。

国王按照约定，给阿凡提米。装米的工作进展神速，不久棋盘就装不下了，改用麻袋，麻袋也不行了，改用小车，最后小车也不行了，粮仓很快告罄。数米的人累昏无数，那格子却像一个无底洞，根本填不满。国王终于发现，他上当了！一个东西哪怕基数很小，一旦以几何级数成倍增长，最后的结果也会非常惊人。

首先，第一个格子里放1粒米，第二个格子是2粒米，共有3粒米，用数学式表示为$1+2=3=2^2-1$。第三个格子有4粒米，总共是7粒米，数学式为$1+2+4=7=2^3-1$。第四个格子中有8粒米，一共有15粒，数学式为$1+2+4+8=15=2^4-1$……一直这样下去，可以推出64个格子里共有米$2^{64}-1$粒，这个数是多少呢？大约等于184 467 440 737 095 516 15，如果用宽为4米，长10米的仓库来装的话，需要仓库从地球盖到太阳，再从太阳盖回地球那么长。

俊文听完之后，说："原来几何级数居然这么神奇，看来数学知识真是博大精深。"

科学小链接

说起传销，很多人都不陌生，传销是一种骗术，采取的就是几何级数原理：1变3，3变9，9变27……

他们采取的模式是每一个入会的人，必须保证每个人都能发展3个人，表面上看能够良性发展下去，但是，随着几何级数的扩大，当发展到20层的时候，已经把全中国人拉进来都不够了。这就是利用几何级数骗人的把戏。

先来后到——概率不分先后

小区里举行“我爱我的祖国——喜迎国庆”活动。这个活动宣传之后，小区的很多成员积极参加。俊文家所在的单元楼的年轻业主报了一个街舞节目，准备以青年人独有的方式为祖国庆祝。街舞团需要8人，经过初步筛选，共有24人入选，俊文的爸爸妈妈都在列。因为都是业余街舞成员，没有专业与不专业之分，为了公平起见，街舞团准备以抽签的方式决定谁去参加。

回到家之后，俊文就对爸爸说：“爸爸妈妈，你们一定要先抽，先抽的机会比较大。”

爸爸笑了，说：“不管先抽后抽，机会都是均等的。”

俊文有点糊涂了，说：“怎么会呢？应该是先抽的机会大啊。”

聪明的小朋友，你猜是先抽的机会比较大还是后抽的机会比较大？

其实，俊文的爸爸说得很对，先抽签和后抽签是一样的，我们解释一下，你就明白了。

街舞团共有24人报名参加，只需要8人，意味着有16个人将会被淘汰，入选的比例为3：1，3个人之中将会有2个人被淘汰。根据比例，参加抽签的人分别为甲、乙、丙，五角星“★”表示抽中，三角形“▲”和圆圈“●”表示被淘汰。

下面的这个表表示甲、乙、丙三个人抽签的各种可能性。

顺次＼人员	甲	乙	丙
第一次	★	▲	●
第二次	★	●	▲
第三次	▲	★	●
第四次	●	★	▲
第五次	▲	●	★
第六次	●	▲	★

比例是3：1，假设只有3个签，甲先抽，可以从这3个签中任意挑选一支，甲有3种可能的选择。甲抽好后，乙来抽，只剩下2支签了，乙从这2支签中任意挑选1支，有两种选择，最后剩下的那支就是丙了。丙根本不需要抽，没有什么选择的机会，就拿了剩下的那支签。三个人抽签所有的可能有：$3\times2\times1=6$，因为这3个人都是任意抽的，所以共有6种不同的可能。

这6种情况中，甲是先抽的，中签2次，占6次抽签的三分之一，中间抽签的乙也是一样，中签的机会是三分之一，最后抽签的丙也是一样，中签的比例是三分之一。

由此可见，24个人谁先抽谁后抽都没有关系，中签率都是一样的。因此，爸爸说的是对的，不管是先抽还是后抽，抽中的概率都是一样的。

在数学中，这种中签的可能性被称为概率。在抽签问题上，先抽和后抽的概率相等，都是三分之一，不必要争着抽签。

因此，在现实中，很多问题用抽签的方式解决，是一个公平的好办法。一些重大的国际赛事，比如世界杯分组，也是采用抽签的方式来决定的，可能不是最科学的，但却是最合理的。

科学小链接

在当今的体育赛事中，抽签排序是使用的最多的一种办法，从科学上来说，抽签是最公平的一种方式。

巧用推理——找出正确答案

周末的时候，俊文邀请韩硕和小宁到家里来做客。三个人写完作业之后，妈妈从冰箱里拿出西瓜和菠萝，招待他们。

玩耍的过程中，他们决定根据老师教给他们的方式，来考一下刚从书房走出来的爸爸。

俊文对正在吃西瓜的爸爸说："爸爸，我们三个现在考你一个问题，看你能不能答出来。"

爸爸点点头。

"刚刚写作业的时候，我们三个人在写同一道题，但三个人得出了不同的答案。我说韩硕的答案是错的，韩硕说小宁的答案是错的，而小宁却说我们两个的答案都是错的。答案出来之后，我们三个人只有一个人的答案对了，而且只有一个人说对了，那你说谁的答案对了？"

爸爸想了一下，说："韩硕的答案是对的，你们两个的都是错的。"

三个人大吃一惊，异口同声地说："你是怎么知道的？"

聪明的小朋友，你知道俊文的爸爸是怎么猜到答案的吗?

其实，这是数学中常见的推理问题。

俊文、韩硕和小宁三个人说的话，不是对的就是错的，那么三个人共有$2\times2\times2=8$种可能性，这八种可能性的情况，在一张表里列出来：

姓名	俊文	韩硕	小宁
第一种	错	错	错
第二种	错	错	对
第三种	错	对	错
第四种	错	对	对
第五种	对	错	错
第六种	对	错	对
第七种	对	对	错
第八种	对	对	对

根据图表，我们可以分析出，俊文和韩硕不可能同时都是错的，因为如果韩硕是错的话，那俊文说的就是对的，反过来也是这样的。所以表中的第一种、第二种的情况是不可能出现的。另外，俊文和韩硕也不可能同时都是对的，那样的话，小宁说的就不对了，就没有人是对的了。所以表中的第七种、第八种的情况也是不可能出现的。

如果俊文是对的，而韩硕是错的，那么无论小宁说的是对的还是错的，都会产生矛盾。因此，表中的第五种、第六种也是不能成立的。

鉴于此，问题的答案只有在第三种、第四种中寻找了。推敲一下，第四种的情况是不可能成立的，因为小宁和韩硕是不可能同时是正确的。而第三种的情况是可能出现的，俊文是错的，韩硕的是对的，小宁的是错的，韩硕与小宁不可能同时说的都是对的。

通过这种推理方法，我们知道，除了第三种以外，其他几种都是经不起推敲的，都是不能成立的。即只有韩硕是对的，俊文和小宁的都是错的。

这种判断几句话对，几句话错的所有可能情况的表格，成为对值表。在逻辑推理题上，有很大的用处。

这里，用这种方法来算出下面这道题：

抽屉里有如下16张扑克牌：分别为红桃A、Q、4，黑桃J、8、4、2、7、3，梅花K、Q、5、4、6，方块A、5。有人从这16张牌中挑出一张牌，并把这张牌的点数先告诉A，把这张牌的花色告诉B。这时，抽牌的人问A和B："你们能从已知的点数或花色中推知这张牌是什么牌吗？"

A："我不知道这张牌。"

B："我知道你不知道这张牌"

A："现在我知道这张牌了。"

B："我也知道了。"

聪明的小朋友，你知道被抽走的那张牌是什么吗?

可以通过两个人的对话来排除：

通过B的第一句话排除中间两种花纹的牌，剩余的排还有红桃A、Q、4，方块A、5，然后根据A的第二句话排除掉是A的可能性，还剩下红桃Q、4和方块5，而最后如果是红桃的话，B的第二句话不可能出现，由此可以推出，被人抽走的牌是方块5。

科学小链接

在数学中，对于逻辑推理题，需要列出命题公式真假值的表。数学运用中，通常以1表示真，0表示假。在逻辑中使用的一类数学表，用来确定一个表达式是否为真或有效，能够更好地、直观地解决问题。

免费摸奖——看不穿的小骗局

俊文和爸爸妈妈一起去购物，在购物广场上看到围了一群人，喜欢凑热闹的俊文挤了进去。

一个中年男子站在一个小摊位前面，摊位上挂着一张图片，上面写着四个大字：免费抽奖。

具体内容是这样的：

总分	100	95	90	85	65	60	55	50
奖品	电子词典	电子计算器	手表	高级文具盒	毛巾	香皂	瑞士军刀	高级钢笔
游戏规则	1.积分卡共20枚，5分、10分各10枚 2.每次从口袋中摸出10枚积分卡，总分相加，相应的分数免费换取相应的奖品 3.总分相加，没有对应分数的，需购买价值19.90元的洗发水一瓶							

俊文站在那里看抽奖的人。

让俊文奇怪的是，连续十几个人参加摸奖，摸到的十张卡片分数之和，都是表上没有的分数。只能花钱购买洗发水一瓶，摆在边缘的高额奖品，没有一个人能得到。

“爸爸，我想试试，我一定能够摸到电子词典。”俊文有点心动。

爸爸笑了，妈妈说：“摸吧，反正我正想购买一瓶洗发水，这个牌子的洗发水效果还不错。”

爸爸没有阻止，俊文上前摸奖。

第一次，抽到的卡片加起来65分，免费获得了一块毛巾。俊文不死心，又抽了一次，结果摸到了75分，按照规则，拿出19.90元购买了一瓶洗发水。

俊文还想抽的时候，被爸爸阻止了。

爸爸对他说：“你仔细观察一下兑奖表，有什么特点？”

俊文说：“那表上缺了70、75、80三个分数。”

爸爸说：“现在我来给你分析一下，你摸中奖的概率吧！”

根据排列组合，可以得知，摸10枚卡片总分可能性最多的是70、75、80，可是这三个分数恰恰被去掉了。10枚卡片的总分和为100或50的奖品最高，然而可能性却微乎其微。

以摸得总分和为100为例，需连摸十个都是10分的。

假设抽第1张卡片是10分的概率为10/20，第二次抽中10分的概率为9/19，第三次抽中10分的概率为8/18，第四次抽中10分的概率为7/17……以此类推，连抽10次10分的概率为10/20×9/19×8/18×7/17×……×1/11＝1/184756。

看，经过计算发现，连抽10分的概率接近二十万分之一，也就是说，连抽二十万次才有希望摸到一次总分是100分的。

同样，通过计算，得到其他各分数的可能性是：

95分与55分：100/184756，约为二千分之一；

90分与60分：2025/184756，约九十分之一；

85分与65分：14400/184756，约十三分之一；

80分与70分：44100/184756，约四分之一；

75分:63504/184756，约三分之一。

分析到这里，聪明的小朋友，你是不是明白了？

这种方式是一些厂商为了宣传、推销产品，结合数学知识所使用的方法，如果你没看懂其中的秘密，可能就会陷入圈套。

需要解释一下，这种游戏是一种数字游戏，只要你能够看懂其中的奥秘，就不会轻易上当。

科学小链接

排列是组合学最基本的概念，指从给定个数的元素中取出指定个数的元素进行排序。组合则是指从给定个数的元素中仅仅取出指定个数的元素，不考虑排序。排列组合的中心问题是研究给定要求的排列和组合可能出现的情况总数。

弹子球——杨辉三角的奥秘

刚刚离开免费摸奖的地方，俊文又看到一个摸奖的摊位。只是这个和刚刚那个有很大的不同，是一种打弹子球的抽奖游戏。

弹子球的游戏是一个木制的箱子，前面是一块玻璃，后面是钉子板的木箱子。箱顶有个开口，可容玻璃弹子通过，钉子板上的钉子并不是密密麻麻的，中间的空隙不大不小，正好能够容纳玻璃弹子通过。

箱底是一个个用木板隔开的小格子，格子内摆放着各种奖品。有钢笔、文具盒、钥匙环、耳勺、笔芯、小剪刀、铅笔、橡皮等奖品，奖品是从中间向两旁价格逐渐提高的。

参加的规则是，一次五角，从上面投入弹子球，使其自动下落，下落的过程中，落到哪个方格，就获得方格里面的奖品，每次都能中奖。

俊文又想玩了，他对爸爸说："爸爸，这样应该没有刚刚的排列组合了

吧？我玩一下。”

爸爸点点头。

俊文从兜里拿出平时积攒的零花钱，说：“我买两个弹子球。”这意味着俊文能够玩两次。

俊文小心翼翼地将弹子球从顶部丢下来，听到弹子球碰到铁钉发出的“砰砰”的声音，最后，弹子球稳稳地落到了最中间的一个方格了，俊文得到了一个挖耳勺。

俊文觉得不过瘾，这次他故意捏着弹子球在顶部停留了几秒钟，丢下去，里面再次传出来弹子球碰到铁钉发出的“砰砰”的声音，最后，弹子球落到了最中间左边的一个方格，俊文得到了一个钥匙环。

俊文有点失望，失落地看着爸爸。

爸爸笑了，说：“这很正常，知道为什么会这样吗？”

俊文摇摇头。

要弄清楚这个问题，先要了解杨辉三角。

杨辉三角形，又称爱宪三角、帕斯卡三角形，是二项式系数在三角形中的一种几何排列。

简单地说，就是两个未知数和的幂次方运算后的系数问题，比如 $(X+Y)^2=X^2+2XY+Y^2$，这样系数就是1、2、1，这就是杨辉三角的其中一行，根据这个性质，依次类推，如图：

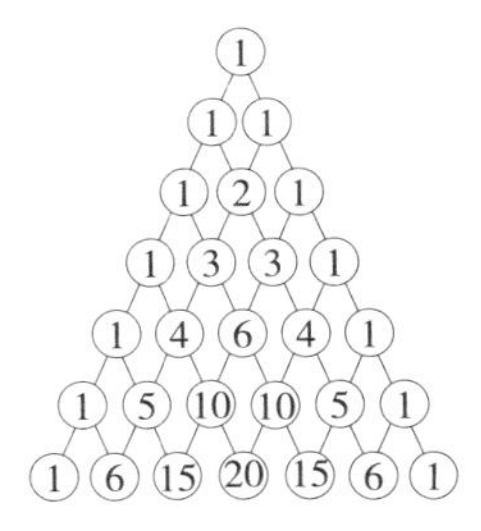

在杨辉三角中，每行数字左右对称，由1开始逐渐变大，然后变小，回到1。第2行的数字个数为2个，第三行的数字个数为3个，第n行的数字个数为n

个，第n行的数字之和为$2^{(n-1)}$。另外，每个数字等于上一行的左右两个数字之和。

这个弹子球游戏的理论就是根据杨辉三角，弹子球在下落的过程中，由于受钉子的制约，由上图可以看出，弹子球到达箱底的路线，从中间向两边，越来越少，即弹子球落入中间的机会多，而落入两边的机会少。

另外，弹子球的入口处位于箱子的顶部，且处于中间位置，也就是杨辉三角的顶部，下落时，由于重力的作用，落入两边的可能性就更小，而比较丰厚的奖品都分布在箱子的两边，所以中大奖的机会必然很少。一个耳勺和一个钥匙链的成本不足三角钱，游戏商当然是赚钱的了。

听完爸爸的讲述之后，俊文说："怪不得呢，看来数学真是博大精深啊，一定要好好学习，多学知识，争取以后能够识破这些小把戏。"

科学小链接

在数学中，二项式系数是形如（$1+X$）的二项式n次方展开后X的系数（其中n为自然数）。

通晓古今——迅速知道是星期几

俊文在读课文的时候，读到"1949年10月1日，中华人民共和国成立了"的时候，爸爸走过来，说："俊文，你知道1949年10月1日是星期几吗？"

俊文摇摇头，说："那个时候我还没有出生呢，怎么会知道呢？"

爸爸笑着说："那个时候我也没有出生，但是我知道，是星期六。"

俊文想了想，说："肯定是我爷爷告诉你的。"

爸爸笑了，说："你知道美国独立纪念日是什么时间吗？"

俊文立刻回答说："1776年7月4日。"

爸爸说："1776年7月4日那一天是星期几我也知道，是星期日，那个时候你爷爷也没有出生，他也不知道。"

俊文立刻上网，查看了万年历，发现爸爸说的一点也不错。俊文问爸爸是如何知道的，爸爸回答说："我拥有一项通晓古今的能力，历史上的任何一天是星期几我都知道，包括未来我也知道。"

这个时候，妈妈走过来，对俊文说："其实妈妈也是神算子，可以预知过去未来。我可以告诉你，1865年4月14日，美国总统林肯遇刺，那天是星期五。"

俊文哈哈地笑，说："爸爸妈妈，你们肯定有什么方法，根本不可能是神算子。"

亲爱的小朋友，你知道俊文的爸爸妈妈是怎么算出来的吗?

想算出历史上的大事件发生在星期几，根本不需要去翻万年历。如果通过翻万年历来寻找这一天是星期几，那就不叫速算了。

这里，教你一个公式，根本不要翻万年历。

$W=D-1+[(D-1)/4]-[(D-1)/100]+[(D-1)/400]+C$

$W\div 7$余几即是星期几。

这里需要解释各个符号代表的含义：D表示公元的年数，如2010、2011等；C指从这一年的元旦算到这天为止（包括这一天）的天数，加方括号的三个分式的商要取整数，就是留下运算结果的整数部分，忽略小数不考虑。比如，2011.5取整数为2011。求出W的数值后，用W除以7，求出的余数就是星期几，余1表示星期一，余2表示星期二……余6则表示星期六，如果没有余数，则表示为星期日（这也是很多国家将星期日定为一周开始的原因）。

这个公式是一个万能公式，下面我们计算一下2000年的儿童节是星期几。

$W=2000-1+[(2000-1)/4]-[(2000-1)/100]+[(2000-1)/400]+153$

$W=1999+499-19+4+153$

$W=2636$

$W\div7=2636\div7=376$余4

也就是说，2000年的儿童节是星期四。

看，是不是非常容易就算出来了。

由于每隔四年会有一个闰年，这一年的二月从28天改为29天。这样，闰年便有366天，这样计算的时候，就不要忘记了这一点。

现在你可以试着用上面这个公式计算一下，你出生的那一天是星期几，也可以算出爸爸妈妈出生的那一天是星期几。

科学小链接

根据地球公转日期，围绕太阳转一圈需要365天5小时48分46秒，也就是一年。然而一年的天数是整数，为365天，余下的5小时48分46秒，积累四年够一天，因此每四年增加一天，也就是所谓的“闰年”。平年为365天，闰年366天。

第4章 生活中的数学小常识

生活中每天都离不开数学。生活中充满了各种各样的数学小常识，“十个数字颠来倒，千变万化藏奥妙”。有些数学常识看起来繁难，无从下手，然而一旦发现其中隐藏的技巧，却又是十分简单便捷。正如“山重水复疑无路”时，突然“柳暗花明又一村”，眼前的景况，令人一阵惊喜。

神奇排列——轻松猜中居中者

为了培养俊文对数学的兴趣，爸爸决定给俊文表演一个魔术。在表演魔术之前，爸爸还给俊文说了一个小故事。

大禹在治水的过程中，遇到了困难，大禹一筹莫展。恰好此时有一个乌龟从洛水里浮出来，背上有一个奇怪的图案，大禹认真地看了这个图案，受到了启发。

这个奇怪的图案，是一个被九等分的正方形的形状，图标为头上是九，下面是一，左边是三，右边是七。白点子，占了四方。另外四个角，上面右角是两点，左角是四点，如同在肩上，下面右角是六点，左角是八点，像两只足，是黑点，五则居中。这幅图，它的纵、横、斜每一列每一行三个数字的和都是15。

借助这幅图的启发，大禹终于把中国的水患平定下来了。

讲完这个神奇的故事之后，爸爸说："中国古书上称这个奇怪的图为'洛书'，后来流传到外国，被称为'幻方'，因为它变幻莫测，趣味无穷。"

接着，爸爸将一个图片标出数字，并剪成九等份，如下图：

4	9	2
3	5	7
8	1	6

爸爸自信地说道："在这个图中，你任意默记一个数字，只要告诉我，它在第几列，之后，我将数字卡片收起重排，排好后，你再告诉我它在哪一列，最后我再重排一次。这样你默记的数字，必定是正中间的那个数。"

俊文觉得很新鲜，决定试一试。

俊文将记住的数字写在一张纸上，他记住的数字是第二列的数字9。

只见爸爸将第三列的三个数，由下而上收起来，按同样的顺序，又收起了第二列和第一列。最后将收起的卡片从左向右自上而下，重新排成三行。

俊文说："我记的数现在到了第三列。"

爸爸仍按原先的方法，从右向左，自下而上将卡片收起，仍按从左向右自上而下，将卡片重新排好。这一次，他将全部卡片都数字向下，背面向上。然后说："现在我将正中的卡片翻给你们看，必定是你原先默记的数字！"

翻过来之后，俊文一看，果然是9，不禁十分惊奇。

接着，俊文又连续试了几遍，不论默记哪个数，经过爸爸收了摆，摆了收，最后，默记的数字都是居中的数字。

聪明的小朋友，你知道俊文的爸爸摆纸片的奥秘所在吗？

在整个摆纸片的过程中，爸爸都在遵循一个规则：

（1）每次收卡片的次序是自下而上，从右向左，并必须把俊文报的列数放在中间，即第二次收取。

（2）每次放牌的顺序要自上而下，从左向右。这样经过三次摆放，俊文所报的数必然正居中心。因为经过这么摆放，一列中排列的数经过了几次轮回，恰把俊文所报的数摆到了中心。

聪明的小朋友，是不是为奇妙的数字排列感到惊奇呢？

科学小链接

“洛书”图案是古代劳动人民智慧的结晶，后来的太极、八卦、周易等都是在洛书的图案的基础上发展而来的。这种图案是现代数学的先驱，比西方早一千六百多年。

门锁的位置——黄金分割点

俊文三岁的表弟来俊文家里做客，表兄弟之间相处得非常好。

表弟生性活泼，喜欢在各个房间之间来回乱窜，但是无奈他的身高太矮，勉强能够碰到扶手，这就意味着俊文要充当表弟的“门岗”，给表弟开门。

送走表弟之后，俊文对爸爸说：“爸爸，我们把门锁的位置降低一点吧，下次表弟来我们家做客，我还要跟在他的屁股后面，给他充当‘门岗’，好累人。”

爸爸笑着说：“门锁可不是说降低就能够降低的，门锁在固定的位置，是

很有讲究的。”

俊文觉得不可理解，不就是一把门锁吗，还能有什么讲究?

爸爸回答说：“这是黄金分割点。”

黄金分割是一种数学上的比例关系，由古希腊毕达哥拉斯学派所发现，黄金分割具有严格的比例性、艺术性、和谐性，包含着丰富的美学思想。根据众多数学家的研究，黄金分割点在应用时一般取0.618 ，就像圆周率在应用时取3.14一样。

黄金分割点最早出现在公元前4世纪，古希腊数学家欧多克索斯第一个系统研究了这一问题，并建立起比例理论。他认为所谓黄金分割，指的是把长为L的线段分为两部分，使其中一部分与全部之比，等于另一部分与该部分之比。

简单来说，把一条线段分割为两部分，使其中一部分的长度与全长之比等于另一部分与这部分之比。其比值是一个无理数[1]，用分数表示为$(\sqrt{5}-1)/2$，近似值是0.618。由于按此比例设计的造型十分美丽，因此称为黄金分割，也称为中外比。

这个分割点就叫作黄金分割点，在数学上，通常用ϕ表示。

在生活中，人们认为如果很多东西符合黄金比例的话，就会显得更美、更好看、更协调。在生活中，“黄金分割”有着很多的应用。

在人体方面，很多美学家认为，最完美的人体，肚脐到脚底的距离与头顶到脚底的距离比值为0.618，肚脐属于人体的黄金分割点。

人类的脸庞同样有黄金分割点，最漂亮的脸庞是以眉毛为黄金分割点，眉毛到脖子的距离与头顶到脖子的距离之比等于0.618，是最美的。

---

[1] 无理数是无限不循环小数， 如圆周率、$\sqrt{2}$等。

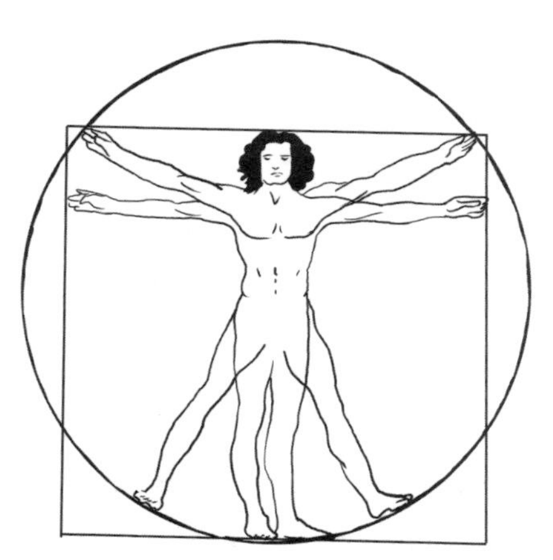

黄金分割点不仅在人体方面，在建筑方面，也有非常广泛的运用，早在公元前5世纪，希腊建筑家就知道0.618的比值是协调、平衡的结构。世界最神秘的金字塔，形状像方锥一样，大小各异。但这些金字塔底面的边长与高之比都接近于0.618，这充分地证明人类社会早已经对黄金分割点有所研究。

这个神秘的0.618是方程$X^2+X-1=0$的正根[1]。在平时的计算中，只取它的近似值，又称为黄金比，导致这一比值的分割，便称为黄金分割。

科学小链接

中国国旗上面的一大四小的五颗五角星是非常美丽的。除了中国之外，世界上还有不少国家的国旗也用五角星。这是因为在五角星中可以找到的所有线段之间的长度关系都是符合黄金分割比的。正五边形对角线连满后出现的所有三角形，都是黄金分割三角形。

[1] 方程的一个答案，且为大于零的数。

巧测量——量任何高大的物体

国庆黄金周的时候，俊文一家人到四季如春的云南去旅游，云南丰富的自然景观和人文景观让俊文流连忘返。尤其是云南一座座美丽的白塔，更是让今人感叹。在一条凳子上休息的时候，俊文对面正好是一座白塔，塔上挂有一具铜佛标，塔尖上还有铜质的“天笛”，当有风吹过的时候，会发出叮叮当当的响声。塔上各种各样的彩绘、雕塑秀丽优美，让俊文目不暇接。

“爸爸，那座塔有多高啊？”俊文指着前面不远处的那座白塔，问正在喝水的爸爸。爸爸放下水壶，说：“这个很容易，只要我们简单地测量一下就可以知道了。”俊文笑了，说：“这么高的塔，怎么爬得上去？再说了，我们也没有那么长的尺子？”爸爸说：“谁说一定要爬到塔上去才能测量呢？”俊文惊奇地望着爸爸，说：“你不爬上去，怎么能够进行测量呢？”爸爸说：“我们可以测量塔的影子。”“可是塔的影子有时候长，有时候短，怎么能够测量准确呢？”俊文又说出了心中的疑问。爸爸说：“可以参照自己的影子。”

测量塔的高度，不一定非要爬到塔顶上去。在阳光明媚的时候，最好选择上午或者下午。在白塔旁边跟白塔平行放置一根木棒，木棒的长度尽量不要太长，以1.5米为好。

在同一时间，用尺子测量一下木棒的影子长，再用尺子测量一下白塔的影子长。

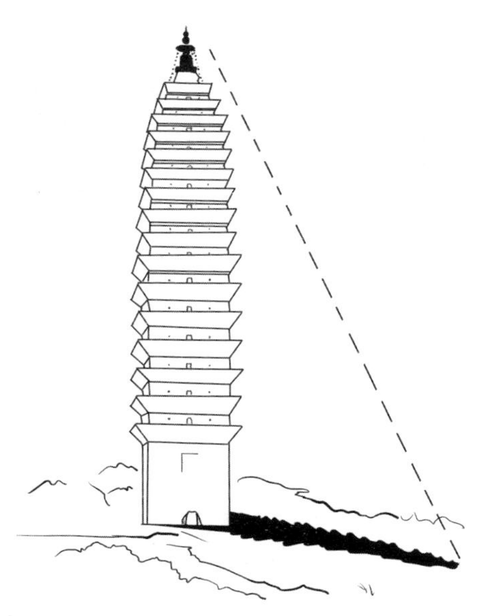

将测量的结果带入数学公式：

白塔的影子长度÷木棒的影子长度=白塔高度÷木棒的长度

因为白塔的影子长度是已经知道的，木棒的影子长也已经知道，木棒的实际长度也知道，白塔的高度自然就可以计算出来。具体的计算方法为：

白塔高度=白塔的影子长度×木棒的长度÷木棒的影子长度

俊文爸爸的身高为1.76米，测量了一下自己的影子为2米，而塔的影子长度为38米。计算：

$38\times1.76\div2=33.44$

白塔的高度约为33.44米。

爸爸带领俊文到白塔前面的石碑介绍上一看，发现石碑上面写的高度：约33.5米。

俊文说：“爸爸，你太厉害了。”

爸爸笑着说：“其实，还有很多方法都可以测出白塔的高度，好好学习，等你以后学了足够多的知识，就可以轻而易举地解决很多问题。”

科学小链接

在学校里，测量旗杆的方法有很多，利用三角函数就是一种比较简单且方便的方法。让一个人拿着一个激光器照射旗杆顶端，使光线和地面所成的角度是30° 或者60° ，这样比较容易计算，然后测出这个人到旗杆底部的距离，根据三角函数，便可求出旗杆高度。

组合数——钱为什么是1、2、5

过春节的时候，俊文得到了很多的压岁钱，储蓄罐里都装不下了。爸爸提出给他在银行开个储蓄账户，俊文高兴地答应了。

在整理钱的时候，爸爸问俊文："你知道钱为什么只有1分、2分、5分、1角、2角、5角、1元、5元、10元、20元、50元、100元，为什么没有3分、3元、30元或者4分、4元呢？"

俊文摇了摇头，说："不知道。"

爸爸拿出购物时超市找的1分、2分、5分的零钱，对俊文说："你用1分、2分、5分的硬币凑成1角，看有多少种方法？"

俊文将硬币全部拿出来，在那里摆弄：

（1）全部用1分的硬币，10个1分的凑成1角。

（2）全部用2分的硬币，5个2分的凑成1角。

（3）全部用5分的硬币，2个5分的凑成1角。

（4）用1分、2分的硬币，分别可以用1个、2个、3个、4个2分硬币，因此共有4种方法。

（5）用1分、2分、5分硬币，可以用1个5分硬币、5个1分硬币，可以用1个1分硬币、2个2分硬币和1个5分硬币，可以用3个1分硬币、1个2分硬币和1个5分硬币，共有3种方法。

因此，用1分、2分、5分的硬币凑成1角，共有10种方法。

爸爸说："币值为1、2、5，是一种最方便的方法，用这三个数能够组成任何数量的钱币。"

其实，在钱币面值的设定方面，有两个主要的原则：

（1）保证使用方便，即不论购买何种价格的商品，所需钞票的张数越少越好，这样使用者就不必携带太多数量的钞票。

（2）保证印制发行工作简单，以降低成本。即钞票的种类越少越好，这样有利于减少钞票印制的成本，也便于使用者熟悉和辨认钞票。

试想，如果国家发行1、2、3、4、5、6、7、8、9的9种币值，在购买价

格为7元或9元的商品时，虽然实现了钞票张数最少，即一张，却要发行7元或9元的钞票，增加发行钞票的负担，使得钞票的种类太多。

但是，通过1、2、5三种币值的钞票，只需要最多三张钞票，就可以凑出任何一个个位面额数字的钞票，简单而又实用。

当然，中国人民银行曾经发行过面值为3元的钞票，是在第二套人民币中，这是受到当时苏联卢布的影响。但使用过程中发现使用率不高，并非流通所必需，因此从第三套人民币开始就取消了。

在今天，第四套、第五套人民币废除了2元的钞票，这是由于随着经济的发展，人民币流通的速度越来越快，低于10元的钞票使用率大大降低，连10元钞票都成为了找零的角色。所以，第五套人民币取消2元面额，增加了20元的面额，正是为了满足社会的需要，同时进一步减少了钞票的种类，以降低成本。

科学小链接

用1分、2分、5分的硬币凑1角，需要10种方法，如果用其凑1元的话，有多少种方法呢？这里，就需要用到母函数法，可以轻松地计算出来。

统筹学——提高利用时间的效率

为了锻炼俊文的独立能力，爸爸妈妈在他升入四年级之后，每天早晨让俊文自己做早餐，吃完之后去上学。升入六年级之后，他每天变得非常忙碌，面临着小升初的压力，每天都要早起复习功课，刷牙、洗脸、煮粥，总是感觉到时间不够用。

这天放学回家之后，他又开始抱怨自己的时间不够用，说："我明天还要将闹钟定时提前十分钟，不然时间又不够用。"

爸爸问："你每天早晨起来之后，都做些什么？"

俊文说："起来之后，先收拾床铺需要3分钟，整理卫生需要3分钟，然后刷牙、洗脸需要10分钟，接着烧水煮粥，需要20分钟，吃完饭刷锅洗碗需要5分钟。这些就花费我40分钟的时间。"

爸爸说："你利用时间的效率太低了，现在我教给你一种方法，保证你明天只需要25分钟就可以完成。"

"怎么可能？我每天早晨的时间利用得非常充分。"俊文不相信。

爸爸说："你明天早起之后，首先就烧水煮粥，把粥煮上之后，收拾床铺、整理卫生、刷牙洗脸。这个时候，估计粥就煮好了，吃完之后，刷锅洗碗。按照我说的做。"

果然，第二天俊文轻轻松松地做完了这些，不紧不慢地去了学校，而且比平时早到一刻钟。

俊文使用的方法就是统筹学。

统筹学是研究如何在实现预期的整体目标的过程中，施行统筹管理的有关理论、模型、方法和手段，是数学与社会科学交叉的一个学科。它通过对整体目标的分析，选择适当的模型来描述整体的各部分、各部分之间、各部分与整体之间以及它们与外部之间的关系和相应的评审指标体系，进而综合成一个整体模型，用以进行分析并求出全局的最优决策以及与之协调的各部分的目标和决策。

关于统筹学，历史上曾有这样一个事例。

在北宋年间，皇宫意外失火，一座宫殿化成了一片废墟。

大火过后，皇帝宋真宗要求赶快建立起一座新的宫殿。于是，他把宰相丁谓找来，令他负责皇宫的重建工作。皇帝只给他三年的时间，要求三年之后一定要看到一座崭新的皇宫。

修建皇宫是一个浩大的工程，想在三年的时间里完成，是一件非常不容易的事情。

丁谓做事一向稳重，他做事之前总是先制订周密的计划，然后再有条不紊地实施。这次也不例外，他接受任务后，没有急于开工，而是先到废墟上去查看。

他看着眼前的废墟，心中为三件事情而感到苦恼：一是盖皇宫要很多泥土，可是京城中空地很少，取土要到郊外去挖，路很远，得花很多的劳力；二是修建皇宫还需要大批建筑材料，都需要从外地运来，而汴河在郊外，离皇宫很远，从码头运到皇宫还得找很多人搬运；三是清理废墟后，很多碎砖破瓦等垃圾运出京城同样很费事。

他忧心忡忡地走在回家的路上，刚巧路过一户农家，丁谓看见一个小姑娘正在煮饭，趁饭还没煮熟，她又缝补起被火烧坏的衣服。

看到这里，丁谓受到启发，明白了一个道理：办事情要想达到高效率，就要时时处处统筹兼顾，巧妙安排好财力、物力、人力和时间。

经过周密分析，他终于想出了一个好办法：先让工人们在皇宫前的大街上挖深沟，挖出来的泥土即作施工用的土，这样就不必再到郊外去挖了；这个深沟刚好和汴河相通，于是汴河的河水就涌向深沟之中，这样就解决了建筑用水问题；而汴河与深沟相通，还可以利用水路，把建筑材料用船只运送到皇宫前。如此一来，一举三得，省了很多的人力和时间。另外，建好之后将那些建筑废料填到了深沟，上面铺上一层沙土，就是一条平整的大路。

一年之后，一座崭新的宫殿建立起来。

丁谓和俊文使用的方法，都是统筹方法。常言道：“一寸光阴一寸金，寸金难买寸光阴。”平时要养成统筹安排时间的良好习惯，提高做事的效率。

科学小链接

在生活中处处都能用到统筹学，不会统筹，就会乱了方寸，什么也干不好。生活中的统筹学，一定要细细揣摩，多加总结分析并应用于学习和生活中。

抽屉原则——有趣的数学问题

俊文的表弟上了幼儿园，非常调皮。

这天，他来到俊文家做客，刚进门，就拉着俊文，要告诉哥哥新知识，一再强调是自己刚学习的新知识。

俊文说："表弟，你说吧！我听着呢。"

表弟说："那我问了，你猜我们班有多少人？"

俊文笑着说："我怎么知道，我又不在你们班上。"

"32个人。"表弟笑着继续问道，"你猜我们班上的同学都是什么时候过生日？"

俊文摇摇头，说："我怎么知道，但是我知道你的生日是8月28日。"

表弟说："我们班上的同学有32个人，我们的生日都是在8月份，你猜会有什么现象发生？"

表弟刚刚说完，俊文的爸爸和舅舅都停下了，齐声问："真的？"

表弟骄傲地说："当然是真的了。"

俊文的爸爸随口说了一句："看来你们班至少有两个同学是同一天生日。"

表弟瞪大了眼睛："姑父，你怎么知道的？"

聪明的小朋友，你知道俊文的爸爸是如何猜出来的吗?

其实，这是数学中的抽屉原理。

抽屉原理是指将M件物品按任何方式放入N（N<M）个抽屉，则必然有一个抽屉里放有两件或两件以上的物品，这是数学中常用的方法，可帮助解决许多数学问题。

举个简单的事例，你手上有3只苹果，2个篮子，要把苹果放进篮子里，那么一定有2只苹果放在同一个篮子里。准确地说，只要被放置的苹果数比篮子数目大，就一定会有两只或更多只的苹果放进同一个篮子，可不要小看这一简单事实，它包含着一个重要而又十分基本的原则——抽屉原则。

俊文的表弟班级里有32个人，都是在8月份过生日，他们中总会有两个以上的同学在同一天过生日，这是为什么呢?

道理就是抽屉原则。把8月的31天，当成31个抽屉，要把32个人分放到31个抽屉里，总会有一个抽屉里超过2个人。

只要懂得了抽屉原则，就能够轻而易举地知道答案了。

学会了抽屉原理之后，俊文在学校举行的活动中大显身手。

植树节的时候，俊文班级的同学根据学校分配的任务，在一条笔直的马路旁种了20棵树，从起点起，每隔1米种1棵树。植树完成之后，班主任要求把3块“爱护树木”的小牌分别挂在3棵树上。说完之后，老师说：“现在我考考你们，你们谁能做到让3个牌子之间的距离以米为单位都是偶数？”

老师刚刚说完，很多同学都积极地举起了手，表示能做到。

“老师，这根本不可能做到。”俊文也举了手，但是他表示反对。

同学们非常意外俊文的回答，都望着俊文。

老师笑了，问：“你为什么这样说呢？”

俊文回答说：“根据抽屉原理，由于树与树之间的距离只能为奇数和偶数两类，那么挂牌的3棵树之间的距离至少有2个同为奇数或偶数，它们的差必为偶数。”

听完之后，老师笑着说：“俊文同学的回答非常正确，同学们，有的时候，有些题目不一定有答案，乍一听是对的，但是仔细分析一下就是错的。同学们，以后遇到问题，一定要向俊文同学学习，多动脑筋。”

俊文尝到了掌握更多知识的甜头。

科学小链接

抽屉原则是德国数学家狄利克雷首先明确提出来，因为他是以鸽子进行证明的，有的时候也称为鸽巢原理，用以证明一些数论中的问题，是组合数学中一个重要的原理。

地板形状——正方形或者正六边形

俊文和爸爸妈妈一起在人民广场玩耍。玩了好大一会儿之后，一家人坐在凉亭里面休息。

爸爸走过来对俊文说："俊文，你观察一下这里的地砖有什么特点。"

俊文知道爸爸可能又要告诉自己新知识，就认真地观察着地砖。

过了一会儿，俊文对爸爸说："这些地砖非常漂亮，它们有水泥做的，有陶瓷做的，五彩缤纷，不仅盖住了泥土，还美化了街道，方便了我们的日常生活。"

爸爸问："说得很对。那你再认真地观察一下，这些地砖都是什么形状？"俊文观察了一下，回答说："有正方形的，有正六边形的，噢……没有了。"

爸爸说："那你知道为什么这些地砖都是正方形或者是正六边形的呢？"

俊文想了一下，回答说："可能是为了美观吧！"

爸爸回答说："那三角形和五角形同样也很漂亮，为什么不用三角或者五角的形状呢？”

俊文摇摇头。

为什么常见的地砖只有正方形和正六边形，没有其他的形状呢？

其实，你仔细观察一下就会发现，正方形和正六边形都是正多边形，这些图形中的各个角的度数都是一样的。正方形的四个角度都是90° ，正六边形的每个角都是120° 。

除此之外，再看一下地砖的铺法，铺地砖就要使整个地面干净整齐，地砖与地砖之间缝隙的地方没有空隙。要实现地砖与地砖之间没有空隙，需要地面上的任意一个点都能实现360° 的条件。

要实现360° 的条件，需要密铺的图形的角相交于一点。也就是说，当图形的几个角拼在一起组成360° 时就能够进行密铺，否则就很难实现密铺。

地面上的任何一个点用正四边形的地砖四块铺在一起时，就能够实现四个角之和等于90° ×4＝360° ；用正六边形的地砖铺在一起时，公共顶点上的三个角之和刚好是120° ×3＝360° 。当然，正三角形同样可以实现四个角之和为360° ，但是需要六块地砖才能够实现，这样地砖与地砖之间的缝隙就增多了，地面就不容易平整。另外，在外观上，也没有正四边形和正六边形的美观、自然。

正五边形能够铺满整个地面吗？也可以借助上面的方法来验证一下。正五

边形的每一个内角是108°，把三个正五边形拼在一起，在公共顶点上的三个角之和为108°×3=324°，小于360°，会有缝隙存在。如果用四个正五边形拼在一起，四个正五边形的公共顶点处四个角之和为108°×4=432°，大于360°，四块地砖是放不下的。

听完这一切之后，俊文兴奋地说："原来数学知识在生活中的很多方面都能体现出来，真是奇妙！"

爸爸说："那我问你，除了正四边形和正六边形，地砖能不能继续让边数越来越多呢？"

俊文想了想，说："那样的话，地砖就会变成圆形的啦！那样的话，圆形与圆形之间的缝隙就没有办法填满了。"

爸爸为俊文肯动脑筋高兴不已。

科学小链接

周长相等的正四边形和长方形相比，正四边形的面积要比长方形的面积大。比如，周长为16厘米的正四边形和长方形，正方形的面积为16平方厘米，长方形的面积要比正方形的面积小得多。

空手测量——勾股定理的运用

在乡下的爷爷家玩耍的时候，爸爸看到墙角竖着一个梯子，他目测了一下，梯子大概有5米长，家里的平房是标准的3米高，他想教俊文一些数学新知识。

“俊文，爸爸来跟你做个游戏好不好？”爸爸提议。

俊文高兴地点点头。

“我有一个方法，不用尺子就能测出这个梯子的长度。”爸爸自信地说道。

“什么方法？”俊文流露出怀疑的表情。

只见爸爸从墙角走了4步，在脚步停下的地方做了记号，随后搬过梯子，将梯子的两条腿支在做记号的地方，然后将梯子搭在了屋顶下，正好放了上去。

爸爸说：“这个梯子有5米长。”

俊文很惊奇，就跑去问爷爷，爷爷证明爸爸的答案是完全正确的。

亲爱的小朋友，你知道俊文的爸爸是如何测出的吗？

要解答这个问题，先来学习几何中的一个名字：勾股定理。勾股定理的运用非常广泛，几乎所有学过数学的人都知道它。

勾股定理是这样的：

在任何一个直角三角形中，两条直角边长的平方和一定等于斜边长的平方。

下面来进行详细的解释。

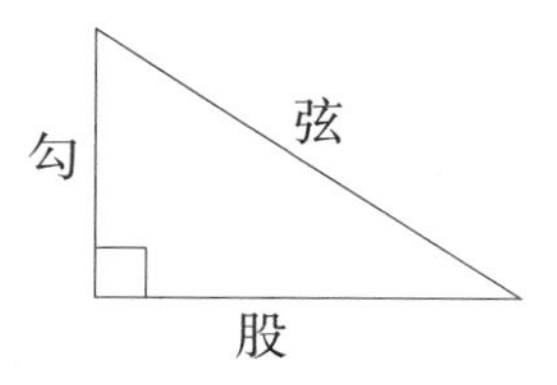

这是一个直角三角形，在直角三角形中，两条直角边的平方和等于斜边的平方，即：$(\text{勾长})^2+(\text{股长})^2=(\text{弦长})^2$

勾股定理是一个基本的几何定理，传统上认为是由古希腊的毕达哥拉斯所证明。据说毕达哥拉斯证明了这个定理后，希腊国王斩了百头牛庆祝，因此又称“百牛定理”。

中国现存最古老的天文学著作《周髀算经》同时也是一本数学著作，它记载了勾股定理的公式与证明。书上记载：故折矩，以为勾广三，股修四，弦隅五。我国古代把直角三角形中较短的直角边叫作勾，较长的直角边叫作股，斜边叫作弦。因此，这句话后来简称为“勾三股四弦五”。

这个定理相传是由商代的数学家商高发现，又称之为商高定理。

后来，经过不断地努力，古代的数学家发现了更多的勾股数组，主要为（3，4，5）、（6，8，10）、（5，12，13）、（8，15，17）、（7，24，25）。

勾股定理是一个基本的几何定理，它是用代数思想解决几何问题的最重要的工具之一，是数形结合的纽带之一。

看到这里，你或许已经知道了俊文的爸爸是如何知道梯子的长度了吧?

平房高3米，平房的墙体与地面是垂直的，正好构成了一个直角。俊文的爸爸从墙角走了4步，成人的步子每一步大约1米长，脚步停下的地方大概距离墙根有4米。将梯子搬过来，将梯子搭在屋顶上，如果能够搭上，说明梯子的长度有5米，搭不上则不足5米。

这正是俊文的爸爸不用尺子就能量出梯子长度的秘密所在。

俊文说：“那我学会了这个知识，是不是以后都可以不用尺子量就可以知道东西的长度了？”

爸爸笑着说：“是的，但是勾股定理包含的知识还有很多很多，努力学习数学知识，就可以做到很多以前做不到的事情。”

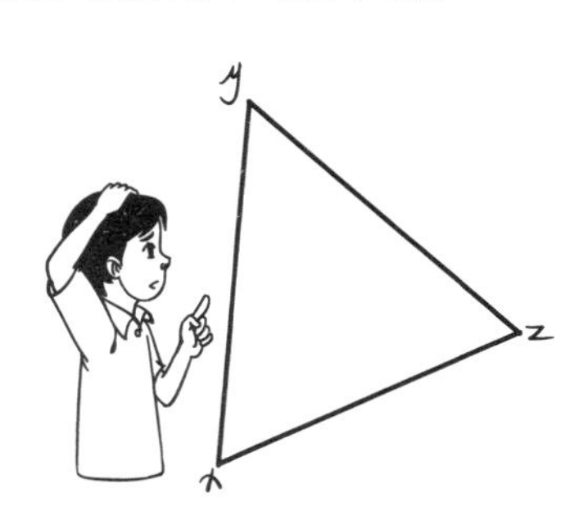

科学小链接

一些服装设计师在设计服装的时候，常常会画很多的直角，依靠直角画一个三角形，通过一个小小的三角形，就能够准确地从周围截出一块自己使用的布，正是利用了勾股定理。

计算工具的发展

俊文学会了用算盘计算简单的加减法，他非常高兴。

为了锻炼他的能力，妈妈每次出去买菜，都会将菜的价格报给俊文，让他计算一下家庭的开支，这更加调动了俊文的积极性。

算盘作为一种计算工具，在人类文明发展的过程中，起到至关重要的作用。人类的计算工具，经历了由简单到复杂，由低级到高级的发展变化。这一演变过程，反映了人类认识世界、改造世界的艰辛历程和广阔前景。

这里，我们来记录一下，看一看计算工具是怎样演化的。

1.石块、贝壳计数

在原始社会，人类刚刚形成计算的观念，计数的方法是把石块、贝壳之类，采用“一一对应”的方法，计算需要计数的物品。

2.结绳计数

随着社会的发展，用石块、贝壳已经不能满足其使用，人们采用在长绳上

打结记事或计数的方法，这比用石块贝壳方便了许多。

3.手指计数

人的十个手指是个天生的“计数器”，这是十进制起源的一个重要原因。

4.小棒计数

利用木、竹、骨制成小棒记数，在我国称为“算筹”。它可以随意移动、摆放，较之上述各种计算工具就更加优越了，因而沿用的时间较长。刘徽用它把圆周率计算到3.1410，祖冲之更计算到小数点后七位。后来发展到在木片上刻上条纹，表示地租或税款，劈开后债务双方各存一半，结账时拼合验证无误，则被认可，这在中国封建社会长期存在。

5.珠算

在小棒计数可以随意移动、摆放的基础上，后人发明了算盘。珠算是以圆珠代替“小棒”，并将其连成整体，简化了操作过程，运用时更加得心应手。算盘最早见于汉代徐岳撰的《数术记遗》。算盘的出现，是计数史上的一大发展，被世界公认为中国的第五大发明。

6.计算尺

16世纪初，英国财务师甘特发明了计算尺，运用到一些特殊的运算中，快速、省时。

7.手摇计算机

最早的手摇计算机是法国数学家巴斯嘉在1642 年制造的。它用一个个齿轮表示数字，以齿轮间的咬合装置实现进位，低位齿轮转十圈，高位齿轮转一圈。后来，经过逐步改进，使它既能做加、减法，又能做乘、除法，运算的操作更加简捷、快速。

8.电子计算机

随着近代高科技的发展，电子计算机在20世纪应运而生。它的出现是“人类文明最光辉的成就之一”，标志着“第二次工业革命的开始”。其运算效率和精确度之高，是史无前例的。

关于计算机的计算能力，曾经有人做过这样的推测：

世界闻名的英国数学家桑克斯用了22年的时间，把圆周率π算到小数点后707 位，以致在他死后，人们在其墓碑上刻着π的707 位数值，表达了对他的毅力和精神的钦佩。

请问：假如桑克斯使用现代的计算机只需多长时间可完成演算?

一些数学家亲自做过类似的实验，桑克斯手工花22 年光阴完成的运算，若使用现代的电子计算机瞬间即可完成。

计算工具的发展过程，伴随着人类文明历史的发展，数学是人类历史发展的一面镜子。

科学小链接

算盘一般是上二下五珠，上面一粒表示“5”，下面一粒表示“1”，在用算盘进行计算时采用“五升十进制”。这是因为，在古代计算重量时采用的是“16两制”即1斤等于16两，也就是说算盘是为适应十六进制而形成的。

巧算答案——二元一次方程式的运用

爷爷从乡下来看俊文，给俊文出了几道数学题：

（1）人和驴四十七，一百条腿去赶集，问一问，多少人？多少驴？

（2）人和驴二十七，一百条腿去赶集，问一问，多少人？多少驴？

（3）桌子鏊（读ào，一种厨具，三条腿）子三十三，一百条腿往上翻，问一问，多少桌子？多少鏊子？

俊文看了这些题目之后，不知道该如何去做，只得求助爸爸。

爸爸说："有一种非常简单的方法，可以很快做出来。如果直接算的话，也是能够算出来的。"

聪明的小朋友，你知道直接算的话，怎么算吗？

其实，早在中国古代的《孙子算经》里就已经出现类似的题目了。题目说，在同一个笼子里，关着鸡和兔子。数一下，鸡和兔子共有头35个，腿94条，请问，笼子里共有多少只鸡和多少只兔子。

这和上面的三个题目都属于同一类型的题目，可以采用下面的这种方法进行解答。

以第一题为例：先假设驴子都只有2条腿，这样一来，不管是人还是驴都是2条腿了。因为总数量是47个，那么就有94条腿。现在是100条腿，100－94=6，说明我们假设的比实际的少了6条腿。因为我们假设每头驴有2条腿，那么6条腿相当于3头驴，于是可求出人的数目是47－3=44。第二道数学题可用与此相同的方法来解，可以得出有23头驴，4个人。再来看第三道题，我们可以用与此相似的方法来求解：假设都是桌子，则总数为132，与实际的总数相减132－100=32，看来把鏊子看成桌子多计算出了32条腿。因此，答案为

32个凳子，1个桌子。

如果换一种方式，采用二元一次方程来解这个问题，就会变得非常简单。

以第一题为例，设人为X，驴为Y，则二元一次方程式可以列为：

$$\begin{cases} X+Y=47 & ① \\ 2X+4Y=100 & ② \end{cases}$$

用②－①×2，解之$Y=3$。

将$Y=3$代入①，得：$X=44$。

二元一次方程组是指两个结合在一起的共含有两个未知数的一次方程。二元一次方程组在数学中的运用比较广泛。

听完了爸爸的讲解之后，俊文高兴地说："我又学到了新知识。"

科学小链接

在中国古代的《孙子算经》里，已经出现了二元一次方程的雏形。这反映了我国劳动人民的数学智慧。

圣经数——神奇色彩的数字

俊文的姥姥是虔诚的基督教徒，经常会为俊文祈祷平安。在姥姥的熏陶下，俊文有的时候也会在礼拜天陪伴姥姥去教堂。

这天，刚刚从教堂回来，俊文就问爸爸："爸爸，什么是圣经数？"

爸爸说："你怎么会知道这个美妙的圣经数的？"

俊文说："今天在教堂做祷告的时候，我听到一个叔叔说的，这个圣经数是什么？"

爸爸解释说："这个美妙的名称出自《新约全书》约翰福音第21章，'圣经数'就是自然数中的153这个数字。"

关于圣经数有这样一个故事：

耶稣在死后的第三天复活了，人类又重新出现了希望。

看到西门·彼得在河里打鱼，耶稣就对他说："将网撒向这里。"

按照耶稣的指引，他将网撒向了指定的方向。那网网满了大鱼，共153条。鱼虽然多，网却没有破。

这就是圣经数的来历。

这个数字的奇妙之处在于，153是1到17连续自然数的和，即：

$1+2+3+\cdots\cdots+17=153$

除此之外，这个数字还有一个奇特的性质：

任写一个3的倍数的数，把各位数字的立方相加，得出和，再把和的各位数字立方后相加，如此反复进行，最后则必然出现圣经数。

例如：24是3的倍数，按照上述规则，进行变换的过程是：

$24 \rightarrow 2^3+4^3 \rightarrow 72 \rightarrow 7^3+2^3 \rightarrow 351 \rightarrow 3^3+5^3+1^3 \rightarrow 153$，此时，奇妙的圣经数出现了。

再如：123是3的倍数，变换过程是：

$123 \rightarrow 1^3+2^3+3^3 \rightarrow 36 \rightarrow 3^3+6^3 \rightarrow 243 \rightarrow 2^3+4^3+3^3 \rightarrow 99 \rightarrow 9^3+9^3 \rightarrow 1458 \rightarrow 1^3+4^3+5^3+8^3 \rightarrow 702 \rightarrow 7^3+2^3 \rightarrow 351 \rightarrow 3^3+5^3+1^3 \rightarrow 153$，圣经数再一次出现。

在数学上，153是一个自我生成数。一个整数，将它各位上的数字，按照一定规则经过数次转换后，最后落在一个不变的数上，这个数称作“自我生成数”。

其实，这是一种奇妙的数学现象，决定这个数的是操作规则，有什么样的操作规则就会有什么样的数，规则决定了什么样的数是一个自我生成数。

任写一个数字各不相同的三位数，将组成这个数的三个数字重新组合，使它成为由这三个数组成的最大数和最小数，而后求出这新组成的两个数的差，再对求得的差重复上述过程，最后的自我生成数是495。

例如，435的转换过程是：$543-345=198$；$981-189=792$；$972-279=$

693；963－369＝594；954－459＝495；954－459＝495。

再比如，517的转换过程是：751－157＝594；954－459＝495；954－459＝495。

同理，四位数也按上述规则操作，结果便形成四位数的自我生成数6174。

例如，7642的转换过程是：7642－2467＝5175；7551－1557＝5994；9954－4599＝5355；5553－3555＝1998；9981－1899＝8082；8820－0288＝8532；8532－2358＝6174；7641－1467＝6174。

这就是数学的奇妙之处，很多时候，数字所呈现出来的规律让人大吃一惊。只要你足够用心，就会发现更多有趣的数学现象。

科学小链接

大自然中，一些神奇的数字体现着某种无法解释的现象，在历史年代表中，重大事件的间隔以及发生时间也在体现着某些数字的规律，这些都是科学家正在研究的现象。

三只脚站得更稳——照相机用三脚架而不用四脚架

俊文一家三口去公园游玩，拍了很多照片，俊文非常得意。休息的时候，俊文看到远处有个人在专心地摄影，将相机支在一个三脚架上，很认真地拍着公园的风景。俊文看的时候，觉得很奇怪，问："那个叔叔为什么要把相机放在有三条腿的东西上面？"妈妈回答说："那是三脚架，它伸出三条长长的腿，能够稳稳地托住上面的照相机，使得拍出来的照片不会因为手的轻微颤抖而模糊。"俊文想了想，说："为什么要用三脚架，不用四脚架呢？多一条腿不是更稳当吗？"爸爸听了之后，笑着说："你能给我举个四条腿更稳当的事例吗？"俊文说："我们家里的饭桌、椅子和鞋架子，还有家里的托盘也是四条腿的，不是都很稳当吗？为何照相机却不用四脚架，而用三脚架呢？"

爸爸表扬了俊文爱动脑筋的好习惯，没有给他做出解释。看到不远处摄影的人停下来休息，爸爸对俊文说："你自己跑过去问问摄影的叔叔。"

俊文跑过去向摄影者求解答案。很快，俊文跑回来说："那个叔叔说三点可以确定一个平面，三脚的三个支点就很容易支撑到地面上，如果是四个脚的话要放平还不容易。而且，三个脚已经达到稳定固定的效果，再多做脚无疑加大脚架分量和用料，价格也会更高。"

接着，俊文问："叔叔说三点可以确定一个平面，是什么意思？"

生活中，照相机之所以用三脚架而不采用四脚架，是利用了一个非常重要的原理。

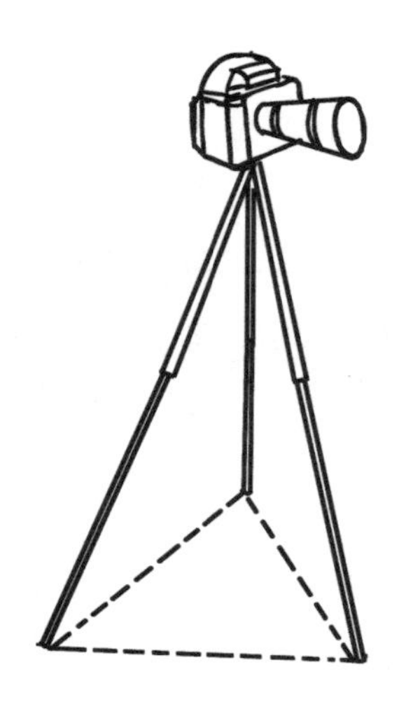

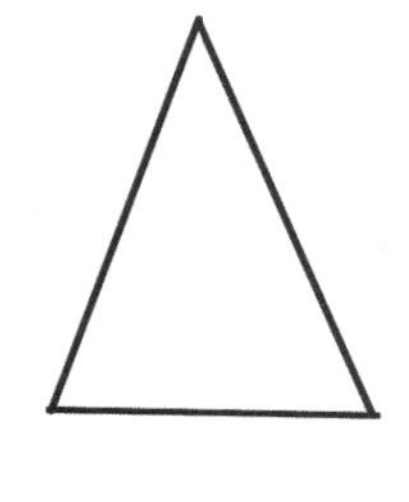

不在同一条直线上的三个点，能确定一个平面，而且只能确定这一个平面。换句话说，三个点确定的平面是唯一的，有且只有一个，绝对不可能有第二个平面。照相机的三个脚便构成三角形的各个顶点，它们不在同一条直线上。这三点之间刚好构成了一个平面，三脚架上边的照相机便稳当地固定在这个平面上，因为是唯一的平面，照相机才不会晃动，不会影响拍摄的效果。

俊文说的四条腿的椅子、桌子很稳当，这句话只说对了一半。四条腿的桌子和椅子只能在地面平坦的时候，才会稳当，如果地面不平，就会不稳当。

生活中，很多人都有这样的体会，当地面不平整的时候，椅子的一只脚总会上下地动，一会儿向上，一会儿向下，让坐在上面的人很不舒服。由于不在同一条直线上的三个点构成一个唯一平面，但椅子都有四个脚，相当于有四个点了，它们中的三点便构成了一个平面，剩下的那个点便可能在这个平面上，也可以不在这个平面上。若椅子的第四个脚不在另外三只脚构成的平面上的时候，这只脚便会悬着，椅子便晃了。

照相机的脚架，如果使用四脚架，就必须保证四个脚同时在一平面上，只有这样才能稳定。如果地面不平，就会像椅子一样，由于一个点不在另外三个点构成的平面上，照相机便放不稳当。

另外，桌子、椅子与各种架子一般都是四条腿，这是因为这些用品多摆在室内，地面都很平整。但照相机可不一定全在屋内使用，有时还要去野外拍照，这样的话，就不如使用三脚架了。三脚架对地面无要求，无论地面情况如何，照相机总能放得稳稳当当，这就是照相机使用三脚架的原因。

科学小链接

生活中，很多人都参加过野营露宿。野营露宿时，用来煮饭的火堆架，便支了三根木棒，将食物放在上面烧烤。这与照相机三脚架的原理是同样的，都是三点可以确定一个平面，有且只有一个平面。

第5章　数学名称的由来

和人一样，数学的名称也不是天生的，而是在数学家们不懈的努力下，一代代演变逐步完善的。连最基本的“数学”一词也是古希腊数学家经过不断地完善创立的。

这一章，我们就进行讲解，说一说数学概念的由来。

十根手指——十进制的由来

俊文放学回到家，就对妈妈说："妈妈，我们数学老师要求我们每人搜集一个小故事，明天上课的时候，要把搜集到的故事讲给同学们听。"妈妈问："你准备讲什么样的故事呢？"俊文摇摇头。妈妈继续引导他："5 + 6等于几？"俊文说："等于11，你干嘛问这么简单的问题？"妈妈继续说："那你知道为什么是11呢？"俊文说："因为5 + 6大于10，需要进1。"妈妈继续引导他："那满20呢？"俊文说："满20需要进2。""那你知道满10进1，满20进2是怎么来的吗？"妈妈问。

其实，妈妈所说的满10进1，满20进2就是数学中的十进制。

十进制是现在人们日常生活中不可或缺的，是中国的一大发明。关于十进制的发明，还有这样一个有趣的故事。

很久很久以前，黄帝和蚩尤之间发生了一场激烈的战斗，经过大家共同的努力，黄帝大获全胜。

于是，黄帝部落的人开始对所有的蚩尤残兵败将和物品进行清点。清点的工作由黄帝部落管理仓库的邪曷进行。他把每个战俘对应着自己的一根手指，一根指头代表一个战俘，两根指头代表两个战俘……

可是人的手指头只有十个，并且这次黄帝部落俘获了很多的俘虏，邪曷的十根手指都用完了也没数完，这该怎么办呢？正当大家一筹莫展的时候，黄帝的一个部将说："既然用完了十根手指，我们可以先把已数过的十个俘虏放在一边，用一根绳子捆起来打一个结，表示十个战俘。然后接着用手指数，够十个再放一堆，这样一个结一个结地打下去，我们不就知道一共俘获了多少俘虏

了吗？”

大家都认为这个方法很好，负责统计俘虏的邪曷用这个方法出色地完成了任务。

这就是“逢十进一”的十进制的最早由来。

从当前已经发现的陶文和甲骨文中，可以看到当时已能够用一、二、三、四、五、六、七、八、九、十、百、千、万等十三个数字，记十万以内的任何自然数。这些记数文字的形状，在后世虽有所变化而成为现在的写法，但记数方法却从没有中断，一直被沿袭，并日趋完善。十进位制的记数法是古代世界中最先进、科学的记数法，对世界科学和文化的发展有着不可估量的作用。

当今世界上，很多国家都在使用十进制计数法，这是因为人类计数时自然而然地首先使用的是十个手指。

当然，这不等于说只有十进制计数法一种计数方法，当今世界上的计数法有十进制、十六进制、二进制等。在计算年月方面，世界各国使用“十二进制”，即12个月为一年。在中国古代，16两算为1斤，“半斤八两”的成语就是这么来的，这就是“十六进位计数法”。

更为有趣的是，在拉丁美洲有个同一氏族居住的村庄，由于居民手指和脚

趾都是12根，日常计数使用的是十二进位法。

听完妈妈的讲述后，俊文说："原来看似简单常用的十进制竟然还包含着这么多的知识，明天我就给同学们讲这个故事，让他们大开眼界。"

科学小链接

计算机技术中采用的是二进制，其主要原因是二进制在技术上容易实现，只使用0和1两个数字，传输和处理时不易出错，可以保障计算机具有很高的可靠性。

除此之外，与十进制数相比，二进制数的运算规则要简单得多，这不仅可以使运算器的结构得到简化，而且有利于提高运算速度。

人生几何——几何名称的由来

在看电视时，讲解员说了这么一句台词："这些美丽的几何图形……"

俊文不理解几何是什么意思，旋即问坐在身边的爸爸。

爸爸说："几何图形是从实物中抽象出来的各种图形，将实物中的点、线、面、体抽象出来，帮助人们有效地认识错综复杂的世界。"

俊文问："那什么是几何呢？几何名称是怎么来的？"

关于几何名称的由来，最早要追溯到古希腊和古埃及。

最早提出“几何”这一名词的是希腊人，由希腊文“土地”和“测量”二字合成，意思是“测地术”。

真正将几何独立出来，是由埃及人开创的。

古埃及人沿尼罗河而下，聚居在尼罗河边，依赖尼罗河冲击而成的平原生活，在平原上耕作农田维持生存。由于尼罗河特殊的水文环境，每隔一段时间便会泛滥，河水淹上岸，把河边的农田淹没，冲毁农田的边界。但古埃及人却因祸得福，从尼罗河冲上来的淤泥，给土地带来了肥沃的土壤，农作物由此受益。每次河水泛滥后，埃及人都要重新划分农田的范围和界线。

古埃及人在重新划分土地时，发现很多不同形状的农田，都可以分割为几块较细小的三角形农田，这些不同形状的农田，其实就是不同的几何图形；把农田分割为几块较细小的农田，即是把几何图形分割。

在不断地分割土地的过程中，古埃及人逐渐积累了丰富的几何知识，对形状不同的土地能够很快采取方法，实现均分，由此，带动了几何文化的发展。

在中国，古代的几何学是独立发展的，《周髀算经》和《九章算术》书中，对图形面积的计算已有记载。在农业社会，人们在农业的实践活动中积累了十分丰富的各种平面、直线、方、圆、长、短、宽、窄、厚、薄等概念，并且逐步认识了这些概念之间、它们以及它们之间位置跟数量之间的关系，这些后来就成了几何学的基本概念。

在中国，几何是由明代科学家徐光启确定的。当时，他翻译了欧几里得的

《几何原本》，根据拉丁文“GEO”的发音和原意，一连想了十多个音似的汉字，但都不十分贴切。一天散步时，他忽然想到一首古诗的诗句：“河汉清且浅，相去复几许。”猛然间，他从“几许”想到“几何”。于是，一个崭新的科学名称“几何”就诞生了，并一直沿用到现在。

科学小链接

当前，很多建筑类项目的图纸设计，都是几何知识的运用，几何在现实中的运用越来越广泛。

相似的三兄弟——认清特点方知如何利用

俊文放学之后，气呼呼地坐在沙发上，一声不吭。

妈妈走过来，问：“俊文，你怎么啦？”

俊文有气无力地说道：“今天我被老师批评了。”

妈妈关心地问道：“为什么批评你？是不是你做错了事情？”

俊文说：“我总是把单位名称搞错，老师都纠正好几次了，可是我总是分不清米、平方米、立方米，我现在真是非常生自己的气。”

妈妈说：“其实，我来给你简单地讲解一下，你就明白了这三者之间的关系。”

米、平方米、立方米三者属于一个家族，但是特点却有着很大的不同。米

属于长度单位，比如，这个方桌的长度是1米，俊文的身高是1.6米，这属于长度，属于高度。米体现的是两者之间的距离，它的行动离不开两个点。米、分米、厘米都是属于长度单位，分米、厘米主要是为了测量的精确，在精确度方面又进了一步。

m^2读作平方米，是面积的公制单位，在数学上的定位是边长为1米的正方形的面积。生活中，我们听的最多是作为房子面积的单位，简称为“平方”或“平米”。

米测量的是两点之间的距离，平方米需要四个点之间的距离，如图所示：

只有遇到这个图形，要求求图形的面积时，才能用到平方米等单位。

农村中，经常会测量土地的面积，经常说的一亩约等于666.67平方米。

在面积的单位中，与平方米相对应的是平方千米、平方分米、平方厘米、平方毫米，遇到一些计算省、市、国家的面积时，会以平方千米为单位，计算一些铁皮、图纸的面积时，会精确到平方毫米、平方厘米。

如要测量一个长方形的面积，需要测量长方形的长度和宽度，长度的单位是米，宽度的单位是米，然后两个长度相乘，就是长方形的面积，此时长方形的面积单位就是平方米。

立方米的特点就更不相同了。“立方米”是体积单位，它是表示一个物体体积大小的单位。

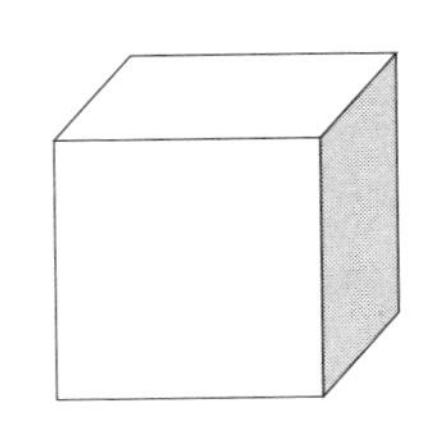

这是一个正方体，有8个顶点、6个面、12条棱，立方米是它的体积的单位。

计算体积和容量，需要用到立方米。生活中我们常说一个月用了多少自来水，一个月用了多少天然气，它们的单位就是立方米，一个字的自来水、天然气，它们的体积就是1立方米，是长、宽、高为1米围成的正方体的体积。

一则顺口溜是这么说的：长度一条线，面积成一片，体积占空间。

科学小链接

与长度单位不同，米、平方米、立方米，三者之间所表示的意思不同，是不能够直接进行换算的。

数字思维——数学思维区的怪圈

为了锻炼俊文的数学思维，爸爸给俊文讲了一件发生在自己身上的事情。

在上大学时，快到夏天的时候，爸爸发现商场在进行电风扇促销活动，便花了30元钱购买了一个电风扇。后来，学校为了改善学生的宿舍环境，给每个宿舍配备了一台电风扇。这个时候，自备的电风扇没用了，爸爸以22元的价格卖给了旧货市场一个回收二手家电的老板。可是几天后，他发现宿舍的电风扇无法满足自己的需要，又去了旧货市场，以25元的价格将这个电风扇买回来。过了几天，学校发布一条校规，禁止学生使用个人电器。无奈之下，自己又将电风扇以20元的价格卖给了旧货市场的老板。

说完之后，爸爸问俊文："在这个过程中，我赔了多少钱？"

俊文想了一会儿，回答说："好像赔了13元钱。"

爸爸点点头。

在数学中，有些题目的目的绝对不是考量人们对于数字的敏感和计算，而是蕴含着人们对于事物联系的逻辑思维。

面对这类问题时，常常因为环境、角度的不同，或处于逻辑混乱中，或处于思维不清的状态，因而陷入了困境走不出来。

解决这类问题，只要我们理出头绪，分清楚数字背后的关系，问题便迎刃而解。

例如：

三个出租车司机去餐厅吃饭，三个人吃的都是回锅肉盖饭，每一份价格为10元，总共是30元，刚好三人每人出10元。恰好，饭店举行优惠活动，饭钱只要25元。餐厅的老板交代服务生退还5元给三个司机。服务生想：5元给三个人分，怎么分都不公平。于是自己拿了5元中的2元，然后把剩下的3元退还给三个司机，每个顾客1元。

三个司机每人出了9元，三个人就是27元，加上服务生拿走的2元，合起来就是29元，还有1元哪里去了？

这是一道有趣的数学题，是一家大公司给前来面试的员工出的。不可思议的是，参加面试的九人中，只有两个人给出了答案，另外七人全部被题目弄糊涂了。

刚刚看到这个题目，觉得说的很有道理，怎么不是30元呢？似乎有1元钱平白无故地消失了。

其实，这是思维被搞混乱了，“迷失”在题目的“关系”之间了。

只要细细分析一下，把题目中的“关系”理清楚，便很容易发现其中的“破绽”。30元是餐厅老板25元和服务生2元和被退还的3元，而换个角度提出问题的29元是三人27元和服务生2元。在后面这个等式里，27元是餐厅老板25元和服务生藏起来起的2元。服务生的2元被重复相加，得出来的结论29元自然不同于总数30元。

在解决数学问题的过程中，很多人以为给出来的“29”很合理，就会顺着这样的思路去想问题、试着解决问题，其实，从一开始就落入了一个迷局中。然而，在现实中，很多数学家都存在着这样那样的“29”情结，以至于模糊人们的视线，让很多人在数学怪圈中越陷越深。

但是，当给出答案的时候，我们又恍然大悟，才明白原来是这么一回事。

任何一个问题都会有答案，有人做错，有人做对。每个正确的答案都很简单，只是我们不善于发现。

在解决数学问题的时候，首先要理清思路，不要受现有条件约束，学会发散思维、逆向思维，理清思绪，解决面对的数学难题。

科学小链接

认真想想：一个骗子用一张100元钞票到商店买了75元的商品，老板手头没有零钱，便拿这张100元钞票到隔壁小摊贩那里换了100元零钱，并找回那人25元钱。过了一会儿，隔壁小摊贩找到老板，说刚才店主拿来换零的100元钞票是假钞，店主仔细一看，果然是假币。店主只好又找了一张真的百元钞票给小摊贩。

75元的商品，实际成本需要50元，试问：老板在这个过程一共赔了多少钱？50元？75元？150元？175元？

无解的环——测试你是不是眼高手低

已经快到吃晚饭的时间了，俊文还没有回家。妈妈做好饭之后，让爸爸出去找俊文。爸爸下楼之后，发现俊文在单元楼门口的地板上画着什么，一副很专注的样子。

爸爸走过去一看，地面上被俊文用粉笔画了一片白。

“俊文，快回家吃饭了，你在画些什么呢？”爸爸说。

俊文抬头看了看爸爸，说：“我在做题呢。”

爸爸笑着问：“做什么题目？那么专注。”

俊文将题目告诉了爸爸之后，爸爸笑着说：“我们先回去吃饭，等会儿我告诉你答案。”

俊文正在做的题目是这样的：

24个小球，排成五行，每行五个，第四行4个。能否用一条线一次将这些小球连接起来，不能重复，不能用斜线，怎样连?

⊙ ⊙ ⊙ ⊙ ⊙

⊙ ⊙ ⊙ ⊙ ⊙

⊙ ⊙ ⊙ ⊙ ⊙

⊙ ⊙ ⊙ ⊙

⊙ ⊙ ⊙ ⊙ ⊙

聪明的小朋友，你能够做到吗?

在解决这个问题之前，我们先来看一个非常有意思的小故事。

很久以前，有一个又贪又懒的地主，在农忙的时候，他雇用了一个农民给他干7天的庄稼活。他拿出了一串有7枚铜钱的链子对农民说：“我每天会付给你一个铜钱当作你的工钱。”

说完这句话之后，农民非常高兴。但是，这个又贪又懒的地主接着说道：“这串铜钱是一环套一环的，你只能断开其中的一枚，再每天拿走一枚，如果你做不到，那么就只能算给我白干。”农民感到很为难，但他想想家里困难的条件，于是决定留下来试试看。

这个农民干完第一天的活儿，要去取工钱了，可是他不知道应该断哪一枚才能每天取走一枚。农民于是去向当地的一个智者求助，希望智者帮他想想办法。智者说："你先把这串铜钱上的第三枚断开，拿走今天的工钱。"农民按照智者的建议把第三枚断开取走了铜钱。

第二天晚上，农民干完了活儿，用前一天取走的那枚铜钱换来了两枚串在一起的铜钱。第三天，农民又把那个单枚的铜钱取了回来。到最后，农民按照智者的指示将7枚铜钱全部拿了回来。

那么农民在剩下的四天是怎么做的呢？第四天，用前三天取走的一个单枚铜钱和两个串在一起的铜钱换走了四个串在一起的铜钱；第五天，取走那个还回去的单枚铜钱；第六天，用单枚铜钱换取两个串在一起的铜钱；第七天，取走单枚铜钱。

贪心的地主只能眼睁睁看着农民拿走了全部的铜钱。

这个问题在数学上称为图形的分割问题，是拓扑学的一个问题，这个故事中巧取铜钱是图形分割中最简单的问题了。

拓扑学是数学中的一个分支，主要研究几何图形在连续变形下保持不变的性质。现在已发展成为研究连续性现象的数学分支。

俊文在自家单元楼前面解决的题目就是拓扑学中的内容。

俊文解答的题目，看似简单，其实是一个无解的题目，也就是说，用一条直线一次将那些小球连接起来，不能重复，不能用斜线，是无法完成的。

无独有偶，在俄罗斯有一条河，河的中间有两个小岛，18世纪在这条河上建了七座桥，将河中间的两个岛和河岸联结起来。这一景观，吸引了附近的很多人，人们闲暇时经常在此散步。一天有人提出：能不能每座桥都只走一遍，最后又回到原来的位置。这个看起来很简单又很有趣的问题吸引了大家的注意，很多人在尝试各种各样的走法，但谁也没有做到。

后来，有人带着这个问题找到了当时的大数学家欧拉，欧拉经过一番思考，很快就用一种独特的方法给出了解答。欧拉把这个问题以几何图形的形式展现出来，他把两座小岛和河的两岸分别看作四个点，而把七座桥看作这四个点之间的连线。那么这个问题就简化成能不能用一笔就把这个图形画出来。经过进一步的分析，欧拉得出结论——不可能每座桥都走一遍，最后回到原来的位置。

生活中，有些看似简单的问题，其实是没有答案的。

科学小链接

在拓扑问题中，一个图形能否一笔画出，与线条的长短曲直无关，只取决于其中的点与线的连接方式。

0并不代表没有

俊文在电视机前看天气预报，当听到播音员说：明天气温将降至零度……俊文立刻跑到厨房，对正在做饭的妈妈说："坏了，明天就没有温度了。"

妈妈正在做饭，扭过头问俊文："怎么解释这句话？"

俊文将刚刚听到的话告诉了妈妈。

妈妈笑着说："傻孩子，零并不是代表什么都没有。"

如果你问一年级的小朋友，0表示什么，他会毫不犹豫地告诉你：0表示没有，比如我书包里没有铅笔；中午天热，爸爸买了三只雪糕，我吃了一个，爸爸妈妈各吃了一个，现在一个也没有，就用0表示。

0=无

说的没错，0表示“没有”可能是0最原始的意思，也就是0的本义。

在古代，人们还没有数字的概念，后来由于生产和分配生活用品的需要，才逐渐产生了数字。比如打猎时打到了一头野兽，就用1块石子代表；捕获了3头，就放3块石子；假如什么都没有捕获，当然是0头了。在古罗马的数字中，根本就没有“0”这个数字，在他们的观念中，“0”表示什么都没有，生活中根本用不到。

慢慢地，随着生产和社会的进步，0逐渐出现在生活中。

比如，在一场足球比赛中，最开始的比分是0：0，这表示双方都没有进球，如果一方进了1球，就是1：0，如果最后的结果还是0：0说明双方都没有进球。现在广播中，常说的“0”时，即24时，这是个明确的时间概念，不能说成“没有”时间。

事例中的俊文，在听天气预报的时候，播音员说今天的温度是0℃，很显然0℃不是表示没有温度，而是零上温度与零下温度的分界线。

在现代，零的用途更加广泛，已经成为数学中重要的一个环节。比如，0的占位作用，哪个数位上表示没有必须用0占位，所以不要以为0表示一个也没有它就没有作用了，1的后面加1个0就表示10，加2个0就表示100，0越多就表示这个数越大。在实际中，大家最容易出错的也就是多写0或者少写0

了。不过，0也有一点遗憾，不能占据最前面的位置，读的时候有时候有几个0偏偏只读出了一个0或者一个0也不读，不过只要人们记得0起的作用，0也就感到满足了。小数末尾的0可以随意加或者去掉，但如果在表示近似数的时候，有0和没有0它的意义是不相同的，比如7.1和7.10表示的精确度就不相同，前者精确到十分位，后者精确到百分位，显然后者的精确度要高一些。

不仅如此，0在计算中也发挥着重要的作用。任何数加上0或者减去0都是原来的那个数，但是，0乘以或者除以0就不是原来的数了。0乘以任何数都得0，而不是得原来的那个数了。

在任何数除以0这个方面，里面就大有文章了。

0是不能做除数的，原因如下：

（1）当被除数不是0时，除数是0的时候。比如“2÷0”，根据“被除数 = 商×除数”的关系，就是要找一个数，使它与0相乘的积等于被除数2，但是，我们都知道，任何数与0相乘的积只能等于0，而绝对不会等于2。这就是说，当被除数不是0，除数是0时，商是不存在的，因此，一个不是0的数除以0是没有意义的。

（2）当被除数和除数都是0。即“0÷0”时，根据“被除数=商×除数”的关系，就是要找一个数，使它与0相乘的积等于0，任何数与0相乘的积都等于0，与0相乘等于0的数有无限多个，如2×0和3×0都得0，所以“0÷0”不可能得到一个确定的商，这就不符合四则运算的结果唯一性这个要求，因此，“0÷0”也是没有意义的。

鉴于以上两个原因，数学界规定，0是不能作为被除数的。

0是一个特殊的数字，在很长一段时间内，都不属于任何一个集合，就像是一个没有妈妈的孩子一样。后来，数学界规定0为自然数，由此，0才找到了组织，成为自然数的一员，但却是最小的自然数。

你现在可以问你的爸爸妈妈，0是自然数吗？他们的回答多半是否定的，这个时候，你可以肯定地告诉他们：0找到家了，属于自然数，而且是一个偶数。

科学小链接

在数字电路中，0和1代表电平的高低状态，1是高电平，0是低电平，这时，0绝对不是没有，而是一种相对于高的概念。

小数点的由来

一直对小数点充满好奇的俊文，在一次和妈妈去超市购物的时候，终于在一个价格标签上看到了小数点，他高兴地说："这包旺旺雪饼的价格是3.5元，妈妈，我说的对吗？"

妈妈高兴地说："俊文读的很正确。"

俊文高兴地说："有小数点真好，小数点是怎么来的呢？"

妈妈将小数点的历史告诉了俊文。

在古代社会，当时的数学还不发达，还没出现小数点。但是生活中，常常会出现用到小数点的地方，比如劳动人民在称米的时候，是以"斗""石"[1]为基本单位，即1斗、1石，当遇到半斗、半石的时候，就将半的部分降一格写，略小于整数部分。比如说如果要写3斗半，就写成3_5斗，这非常不方便。

---

[1] 读dàn，古代的容量单位，十斗为一石。以现在的单位来衡量，一石大约为120斤。

在魏晋期间，出现了一位伟大的数学家刘徽[1]，他在计算圆周率的过程中，用到尺、寸、分、厘、毫、秒、忽等7个单位；对于忽以下的更小单位则不再命名，统称为“微数”。

到宋、元时代，数学家杨辉在《日用算法》记有两句换算的口诀：

一求，隔位六二五；二求，退位一二五。

用现在的数学形式来表达，即1/16＝0.0625；2/16＝0.125。这里的“隔位”、“退位”就是指小数点位置的意义，小数点概念得到了进一步的普及和更明确的表示。

直到17世纪中叶，英国数学家耐普尔为了方便，用一个逗号“，”作为整数部分和小数部分的分界点，比如“1.5”记作是“1，5”，但是，这样写容易和文字叙述中的逗号相混淆，只是当时还没有发现更好的方法，在接下来的一百年间一直采用这种方法。

在18世纪后期，印度数学家研究分数时，首先使用小圆点“·”来隔开整数部分和小数部分，直到这个时候，小数点才算是真正诞生了。

但第一个把小数点的形式写成现在世界普遍使用的形式的人是德国伟大的数学家维斯，他在自己的著作《星盘》一书中明确规定使用小数点作为整数部分与小数部分之间的分界符。

---

[1] 刘徽生于公元250年前后，卒不详，是中国数学史上一位伟大的数学家，在世界数学史上，也占有杰出的地位。他的杰作《九章算术注》和《海岛算经》是我国宝贵的数学遗产。

当然，现在的小数点的表现形式是世界通用的，但在一些国家，小数点的写法和位置还不是完全一样。主要表现有两种：

中国、美国的小数点写在整数和小数两部分中间偏下位置，即个位的右下方。

英国以及整个欧洲的小数点的形式和位置则写在两部分中间，比如1.5写成1·5。

随着所学知识量的增多，小朋友将来有可能会接触一些外国数学资料，多知道一些关于各国小数点的写法知识，是非常有必要的。

科学小链接

圆周率以π来表示，是一个在数学及物理学普遍存在的数学常数。它定义为圆形的周长与直径的比值。在当今，依旧有很多人在乐此不疲地追寻着圆周率的规律。π约等于（精确到小数点后第100位）3.14159 26535 89793 23846 26433 83279 50288 41971 69399 37510 58209 74944 59230 78164 06286 20899 86280 34825 34211 70679。

形象美——数学的另一种美

和很多小朋友一样，俊文对待数学的态度比较冷淡，一直说数学是枯燥无味的东西。其实，只要能够学以致用，小朋友会非常容易喜欢数学的。

在生活中，我们用的最多的是数学，我们去菜市场买菜，需要计算菜的价格；装修房子，要测量房子的面积；出去旅游，要计算旅行过程中的花费等，这些都是最现实的事例。这些事例中对数学的运用，注定了数学的形象是最美丽的。

谈到形象美，很多人会立刻联想到文学、艺术，如影视、雕塑、绘画等，比如天安门的形象，比如蒙娜丽莎的微笑，这些艺术作品是美丽的。其实，数学的形象同样是最美丽的。

数学是研究数与形的科学，数形的有机结合，组成了绚丽的万事万物。

数学的数字是美丽的，如我们常见的阿拉伯数字，本身便有着极美的形象："1"字像伫立的路灯，"2"字像小鸭子，"3"字像耳朵，"4"字像小旗……

数学的符号是美丽的，"="（等于号）两条同样长短的平行线，表达了运算结果的唯一性，体现了数学科学的清晰与精确，简单易用。

"≈"（约等于号）是等于号的变形，表达了两种量间的联系性，体现了数学科学的模糊与朦胧。

">"（大于号）、"<"（小于号），一个一端收紧，一个一端张开，形象地表明两量之间的大小关系。

{[（）]}（大、中、小括号）形象地表明了内外、先后的区别，体现对

称、收放的内涵特征。

数学的符号有很多，但每一个数字的形象都不是凭空出现的，都是经过数学家的努力得来的，这是数学家的心血。想一想，如果没有了这些符号，生活会是多么不方便。

数学的线条美。看到“⊥”（垂直线条）符号的时候，我们想起屹立在街道两旁的高楼，壮观、雄伟，给我们的是挺拔感；看到“∩”（集合符号），我们想起了壮观的大门，似乎在向我们徐徐打开，给我们的是希望出现的感觉；看到“π”（圆周率），我们想起了沉郁古老的古代建筑，给我们的是厚重感。

在几何中，那些多边形、立方体给我们带来视觉的享受，令人赏心悦目。

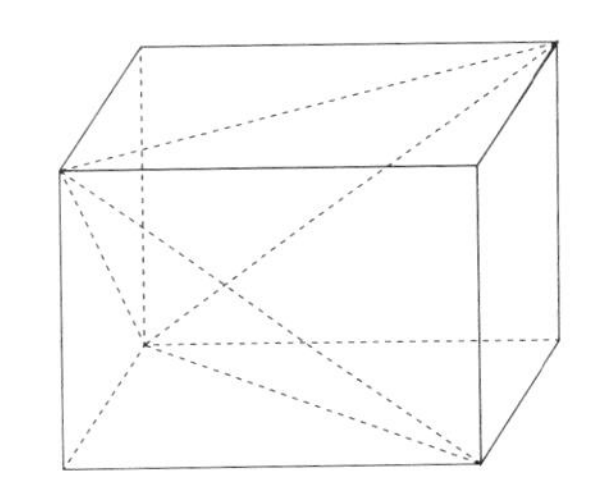

除此之外，最具稳定性的三角形，最具变化性的平行四边形，厚实稳重的圆形……都给人以无限遐想。脱式运算的“收网式”变形以及统计图表，则是数与形的完美结合。

科学小链接

我国古代的八卦图、太极图，更是平面与立体、静止与旋转，数字与图形的高层次概括。

逻辑推理——生活中最常见的思维形式

吃过晚饭后，爸爸和妈妈在厨房里洗碗，俊文和表弟在客厅里面做作业。突然，厨房里传来打破盘子的响声，然后一片沉寂。俊文赶紧跑过去，看到爸爸在收拾，俊文问："是谁打破的？"

爸爸笑了笑，俊文说："是爸爸？"

这个时候，表弟说话了，说："肯定是姑姑打破的。"

俊文问："你怎么知道的？"

表弟回答说："因为姑姑没有责备姑父。"

这个时候，爸爸走过来，笑着说："你回答的很对。"

俊文的表弟用的就是逻辑推理。生活中，很多人对别人的错误是指责有加，对自己的错误却总是保持沉默。

在数学中，逻辑思维能力是一种非常重要的思考能力。在这个过程中，需要对搜集到的信息，经过大脑的处理及过滤，并将接收到的元素经过神经元迅速地触发并收集相关信息，这个过程便是超感知能力。之后由经验累积学习到的语言基础进行语言的处理及判断，找出正确的事件逻辑。

关于逻辑思维，看下面这个事例。

沈万三是明朝赫赫有名的富翁，关于他的发家史，有这样一个有趣的传说。

在从事商业之前，沈万三只是一家当铺的登记员，负责登记当铺的一些业务往来。

这天，一个当地非常狡诈的商人来到当铺，递上两个猫眼，说是两颗珍珠。当铺老板经过甄别之后，发现果然是珍珠，以当时的市场价，给他兑取两千两银子。狡诈的商人拿到银子之后，说："你们知道这两颗珍珠是我花多少钱买的吗？"几个人猜测了一番，都没有猜出来。"十两银子。"商人骄傲地说道。

原来，商人在街头闲逛，忽然看到一个老农卖一只非常精致的玩具猫。标价十五两银子。

商人凭借敏锐的眼光，一眼就看中了玩具猫那炯炯有神的双眼。

那老农说："这是自家祖传宝物，因为家道败落，才不得已贱卖的。"

商人用手掂了掂，猫体很重，全身黑色，像是黑铁铸成，一双眼炯炯有神，凭着他丰富的知识，断定这两只眼确实是两颗货真价实的珍珠。

商人想购买这两只猫眼，但不愿意多花一两银子，就说："我只买下两只猫眼，给你十两银子，可以吗？"

老农同意了。

由此便出现了开头的一幕。

他说的话，正好被当时做记录员的沈万三听到。听完了商人的叙述后，沈万三二话没说，飞快地奔向街头。

一会儿工夫，拿着那没了双眼的黑猫回来了。

“多少钱？”商人问。

“一两银子。”沈万三回答，

商人说：“标价15两，已卖10两，再给他1两，他能卖吗？”

沈万三笑着说：“你真笨，这没了双眼的铁猫，怎么能值5两银子呢？”

沈万三没说话，只是用手不停地掂量手中的黑猫。

“上当了吧？”商人仍不停地说三道四。

沈万三胸有成竹，态度从容，只是不说话。突然他灵机一动，拿出小刀，细心地刮着猫脚。当一层黑色脱落后，他一阵惊喜：“你瞧，我上当了吗？”

商人一见，惊得目瞪口呆，原来愚蠢的正是自己，赚了大钱的却是这个不起眼的记账员。

聪明的小朋友，你知道这是为什么吗?

原来这只黑猫通体是用纯金铸就的。铸造这只金猫的主人，怕金身暴露，便用黑漆将猫身涂盖起来，外表酷似黑铁。

商人虽然有敏锐的视觉，能识别真假珍珠，可是他缺乏沈万三的逻辑思维能力，一个铁猫怎么可能会配上两颗珍珠呢？玩具猫是个整体，既然猫眼是用珍贵的珍珠做成，那么猫体不会用黑铁这种不值钱的金属铸造，表面的颜色很可能是假象。事实证明沈万三的判断是正确的。

这只金猫卖了10万两银子，这些钱成了沈万三做生意的本钱。

科学小链接

在解决数学问题的过程中，要学会养成从多角度分析数学问题的习惯，发挥想象在逻辑推理中的作用，从而更快捷地解决数学难题。

阿拉伯数字——印度人的成就

妈妈做家务的时候，在一个箱子里发现了俊文刚刚上幼儿园时写的作业。当俊文看到幼儿园时期写的歪歪扭扭的字时，情不自禁地笑了。

“妈妈，那个时候我写的字真的很难看。”俊文笑着说。

“我看挺好的。”妈妈笑着说。

俊文很不服气，说：“现在我写的字比那时候强多了，而且知道的也比那个时候多很多。”

“是吗？”妈妈准备考考俊文。

“那你考考我！”俊文自信地说。

“你从上幼儿园开始，首先接触的就是阿拉伯数字，那你告诉我，阿拉伯数字是谁发明的？”妈妈问。

俊文很自信地说：“这还不简单嘛，阿拉伯数字当然是阿拉伯人发明的了。”

亲爱的小朋友，俊文说的对吗？

阿拉伯数字0、1、2、3、4、5、6、7、8、9是我们再熟悉不过的了，它是最基本的数字符号，我们学习知识的过程中，首先接触的就是这些。不仅如此，全世界的儿童学习知识时，最先接触的都是阿拉伯数字。可能很少有人问“阿拉伯数字是阿拉伯人创造的吗？”这样的问题。

其实，阿拉伯数字并不是阿拉伯人创造出来的，而是由印度人创造出来的。

公元500年前后，随着社会的发展和进步，印度的商人们在记录货物数量时，采用一种独立创作的特殊符号来表示。其中，尤其是一个叫苏尔博撒的大商人，他在给一些小商贩登记物品时，使用自己创造出来的符号。这些符号比

较简单，只要一画或者两画就可以写成，这些数字就是今天阿拉伯数字的原始符号。比如，一横表示1，二横表示2……后来，他们改用白桦树皮作为书写材料，并把一些笔画连了起来，例如，把表示二的两横写成Z，把表示三的三横的写成H……慢慢地，这些简单的符号开始通用。

后来，由于东西方往来越来越密切，印度一位叫卢克的阿拉伯商人，将这种方法借鉴过来，利用自己在统治者中的关系，将这些数字简化之后，在全国推广。由此，这些数字开始在阿拉伯半岛上流传开来，阿拉伯数字也随之传播到阿拉伯各地。

公元8世纪，阿拉伯和西班牙发生了一场战争。侵占阿拉伯的西班牙人觉得这种数学简单实用，就把它学了回去。后来，又流传到欧洲。

此时，中国的造纸术传入欧洲，在一定程度上促进了阿拉伯数字的传播。

在使用阿拉伯数字时，人们对它不断地改进。14世纪时，欧洲通用的数字已经变得和现在使用的数字差不多了。

近代，阿拉伯数字传入中国。当时，中国传统的数字是一些汉字字体形式的，笔画多，而阿拉伯数字比中国数字、罗马数字都通俗易懂，因此很快流传开来。

直到近代，随着我国对外国数学成就的吸收和引进，阿拉伯数字在我国才

开始慢慢使用，阿拉伯数字在我国推广使用。

因此，阿拉伯数字起源于印度，但却是经由阿拉伯人传向世界的，这就是它们后来被称为阿拉伯数字的原因。

妈妈的解答让俊文感到非常意外："看来我要学习的东西还有很多很多，我一定要努力学习。"

科学小链接

在阿拉伯数字引入之前，中国流通的数字为〇、一、二、三、四、五、六、七、八、九、十、百、千、万、亿、兆、京、垓、秭、穰、沟、涧、正、载、极。大写写法为零、壹、贰、叁、肆、伍、陆、柒、捌、玖、拾、佰、仟、万、亿、兆、京、垓、秭、穰、沟、涧、正、载、极。

最容易认的罗马数字

爸爸给俊文买了一个钟表，提醒俊文要有时间观念。俊文看到钟表的时候，首先就被钟表上的时钟刻度数字吸引住了。

Ⅰ、Ⅱ、Ⅲ、Ⅳ、Ⅴ、Ⅵ、Ⅶ、Ⅷ、Ⅸ、Ⅹ、Ⅺ、Ⅻ

"爸爸，这是什么数字？"俊文问。

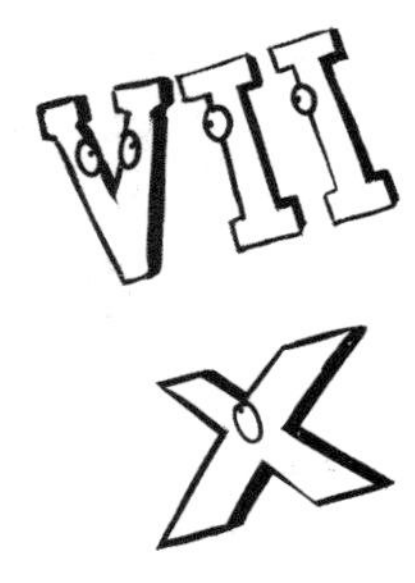

爸爸回答说：“你认识吗？”

俊文说：“我不知道是什么数字，但是我认真地看了一下，大致推测出是什么了。”

爸爸问：“那你说是什么？”

俊文回答说：“Ⅰ是1，Ⅱ是2，Ⅲ是3，Ⅳ是4，Ⅴ是5，Ⅵ是6，Ⅶ是7，Ⅷ是8，Ⅸ是9，Ⅹ是10，Ⅺ是11，Ⅻ是12，我猜的对吗？”

爸爸表扬了俊文：“很不错，你很聪明。但是能猜写出13吗？”

俊文想了想，说：“应该是XⅢ。”

爸爸高兴地说：“回答正确。”

时钟上面的数字是罗马数字Ⅰ、Ⅱ、Ⅲ、Ⅳ、Ⅴ、Ⅵ、Ⅶ、Ⅷ、Ⅸ、Ⅹ、Ⅺ、Ⅻ……当前，尽管全世界通用的是阿拉伯数字，但在很多古旧的钟表和书上，你仍然能够看到这样的罗马数字。

罗马数字是欧洲在阿拉伯数字引入之前使用的一种数码。在阿拉伯数字引入之前，欧洲人一直使用这种字母。从认知层面上来说，这种字母比阿拉伯字母更易于辨认，在计算的时候，也比阿拉伯字母更易于计算。

罗马数字产生于2500年前。在欧洲，罗马文化是当时比较先进的文化。罗马文化发展之初，罗马人用手指作为计算工具。为了表示一、二、三、四个物体，就分别伸出一、二、三、四根手指；表示五个物体就伸出一只手；表示十个物体就伸出两只手。这种习惯人类一直沿用到今天，人们在交谈中，往往就是运用这样的手势来表示数字的。当时，罗马人为了记录这些数字，便在羊皮上画出Ⅰ、Ⅱ、Ⅲ这些手指形状的数字来代替手指的数；要表示一只手

时，就写成“V”形，表示大指与食指张开的形状；表示两只手时，就画成“VV”形，后来又写成一只手向上、一只手向下的“X”，这就是罗马数字的雏形。

后来为了表示较大的数，罗马人用符号C表示一百。C是拉丁字“century”的头一个字母，century就是一百的意思。用符号M表示一千。M是拉丁字“mille”的头一个字母，mille就是一千的意思。取字母C的一半，成为符号L，表示五十。用字母D表示五百。若在数的上面画一横线，这个数就扩大一千倍。这样，罗马数字就有下面七个基本符号：I（1）、V（5）、X（10）、L（50）、C（100）、D（500）、M（1000）。

罗马数字与十进位数字的意义不同，受制于当时的罗马教皇，它没有表示零的数字，与进位制无关。在公元5世纪的时候，“0”从东方传到了罗马，可是当时的罗马教皇认为，“0”是一个不吉利的数字，没有的东西不需要记载，不需要加入“0”，并下令禁止大家使用。因此，直到现在，罗马数字中一直没有“0”。

罗马数字因书写繁难，所以，后人很少采用。现在有的钟表表面仍有用它表示时数的。此外，在书稿章节及科学分类时也有采用罗马数字的。在中文出版物中，罗马数字主要用于某些代码，如产品型号等。计算机 ASCⅡ码收录有合体的罗马数字。

科学小链接

目前，世界上能够见到的数字，有以下几种表达方式，分别为：

1、2、3、4、5、6、7、8、9、10。

Ⅰ、Ⅱ、Ⅲ、Ⅳ、Ⅴ、Ⅵ、Ⅶ、Ⅷ、Ⅸ、Ⅹ。

One.two.three.four.five.six.seven.eight.nine.ten。

一、二、三、四、五、六、七、八、九、十。

地球数——不可思议的数字

去爷爷奶奶家过春节，俊文收到了很多的压岁钱，这可让他高兴坏了。

“妈妈，我们多久才过一个春节？要是天天都过春节的话，该有多好，这样我就可以每天都有压岁钱了。”俊文说道。

看着俊文天真的模样，妈妈笑了。

“一年有365天，等你过完今年的春节，需要再等上365天，才能过下一个。”妈妈解释说。

“365天是不是很长时间？”俊文问。

“不长，地球围绕太阳旋转一周，便是一年。”妈妈说道。

生活中，平年一年是365天。在数学中，这个365是一个非常奇特的数字，因此，我们把365称为地球数。

如果仔细观察，你会发现，在自然数中，10、11、12三个数的平方和，恰是365。

$10^2+11^2+12^2=100+121+144=365$

其实，这只是地球数奇怪的一面。有趣的是，13与14的平方和，也是365。

$13^2+14^2=169+196=365$

因此，许多数学家将地球数的形式转换为地球数公式：

$10^2+11^2+12^2=13^2+14^2=365$

地球数的算式使人们倍感兴趣，等号两边的五个数，恰是10到14五个连续的自然数；等式左端三个数的平方和等于右端两个数的平方和。

这个奇怪的数学式是不是使你想到了，在前面我们说过的勾股定理：

$3^2+4^2=5^2$

这个式子是左两项、右一项。3、4、5也是连续数。

世界著名的库库尔坎金字塔高度约30米，四周环绕91级台阶，加起来一共364级台阶，再加上塔顶的羽蛇神庙，共有365阶，象征了一年中的365天。

该金字塔的365级台阶，呈现与众不同的特点，从下往上，石阶的高度依次为10cm、11cm、12cm、13cm、14cm，这个特点令人赞叹，这完全符合了地球数$10^2+11^2+12^2=13^2+14^2=365$这个公式。

除此之外，这座古老建筑的几何设计，也令人赞叹。

金字塔所表现出的几何角度令人叹为观止：每年春分和秋分两天的日落时分，北面一组台阶的边墙会在阳光照射下形成弯弯曲曲的七段等腰三角形，连同底部雕刻的蛇头，宛若一条巨蛇从塔顶向大地游动，象征着羽蛇神在春分时苏醒，爬出庙宇。每一次，这个幻象持续整整3小时22分，分秒不差，这个神秘景观被称为“光影蛇形”。

数学中，除了这几个数字之外，连续的几个数还能够组成一些奇怪的现象。

如左边四项、右边三项：

$21^2+22^2+23^2+24^2=25^2+26^2+27^2$

项数更多一些呢？

$36^2+37^2+38^2+39^2+40^2=41^2+42^2+43^2+44^2$

在数学中，这些等式可以无止境地写下去。等式的右端是n项，则左端是（$n+1$）项。一连串自然数最中心的一个数，是$2n$（$n+1$）。

类似的数学式，只要找到了中心数，如上述各式中的4、12、24、40，其他各数便可依次写出了。

科学小链接

地球数这个奇怪的公式，是一位数学家在参观库库尔坎金字塔时发现的，这说明早在几千年前，人类已经掌握了很多的数学知识。当今世界的很多古建筑所包含的天文地理方面的知识，一直吸引着很多科学家在努力研究。

以点带面——抽样检验商品的质量

去超市购物的时候，在挑选物品的过程中，由于爸爸的不小心，购买了一盒已经过期的板栗饼，饼上面已经有些发霉。爸爸又立刻驱车到超市去调换，俊文也陪着爸爸一同前往。

在前台接待员的指引下，爸爸找到了销售部经理，讲明了情况。

销售部经理打开板栗饼看了看，有礼貌地说了一句："对不起，这是我们的失误，我们会给你调换，并保证类似事情不会再次出现。"

爸爸说："你们在购进货物的时候，应该严把质量关，这是对消费者的不负责任。"

销售部经理说："的确。在购进货物的时候，我们只能抽样检验商品，这可能是供货单位的失误，我们在检查中没有发现，也是我们的失误，对您表示歉意。"

超市人员的服务态度很好，不仅主动调换了商品，还免费赠送了一小盒。

回去的路上，俊文问："爸爸，什么是抽样检验？"

爸爸解释说：抽样检验又称抽样检查，是从一批产品中随机抽取少量产品，也叫样本，进行检验，用以判断该批产品是否合格。

在现实中，大家选购商品时，都希望购买到有质量保证的商品，超市同样如此。

当超市购进一大批货物时，都要一件件检验吗？他们是如何把好质量关的呢？

超市采取的方法就是抽样检验，以板栗饼为例：

商店从生产厂家购买一批板栗饼，板栗饼的产品说明书中，保证这些产品是合格的，配方、质量方面都有保证，并且在保质期内。在重量方面，保证每一盒板栗饼都能达到100克，标准误差是5克。超市在检测时，会随机抽取10盒板栗饼进行检验，以确认这批板栗饼是不是真正像厂家说的那样。

假设十盒板栗饼的测试重量如下：

96、100、97、101、96、96、103、100、98、102

将这10个数求一下平均值：

$(96+100+97+101+96+96+103+100+98+102)\div 10=98.9$

计算结果表明少于100克，但是标准误差是5克，这是否说明这批板栗饼像生产厂商所保证的那样，超市该不该进这批货了呢？

其实，超市是该进这批货物的。生产商保证的100克指的是板栗饼的平均重量，而商店只抽取了10盒进行检验，这个检验的结果带有随机抽取的偶然性，并不能完全代表这批板栗饼的总体质量。由于标准误差是5克，而98.9克与100克之间的误差为1.1克，在5克的范围内，所以超市应该进这批货。

在数学上使用统计方法来检验大批量产品的质量，也就是说只考察个别产品的检测结果，比如本例中用10盒板栗饼，来考察整批产品的重量。超市还可以再重新抽取10盒板栗饼，重新检验它们的质量，求出平均质量。如果多次检验的结果都在标准误差的范围内，可以认为这批货是合格的。

如果多次检验都发现板栗饼的平均质量与100克相差5克以上的话，则应拒绝进货。

由于抽样检验是根据样本中的产品的检验结果来推断整批产品的质量，所以，经过抽样检验认为合格的一批产品中，还可能含有一些不合格品。俊文爸爸遇到的情况，属于在检验中漏掉的情况。

科学小链接

如果某种商品出现严重的质量问题，工商局则不会使用这种抽样检验的方法，会将全部产品进行检验，以防止类似的质量问题再次出现。

第6章　数学家的故事

数学的成就，是由很多的数学家经过不懈地努力得来的。

今天，我们就来看一些数学家经过努力取得的成就，看他们是如何学习数学，如何掌握高深的数学知识的。

欧几里得——古希腊最有影响的数学家

提到数学界的数学家，不得不说古希腊伟大的数学家欧几里得。

欧几里得生于雅典，被称为“几何之父”，他最著名的著作《几何原本》是欧洲数学的基础。他在《几何原本》中提出五大公设，发展欧几里得几何，被认为是数学历史上最成功的教科书。除此之外，欧几里得还在透视、圆锥曲线、球面几何学及数论研究上取得了成就，这在当时还没有人系统地研究过。可以说，欧几里得是几何学的奠基人。

关于欧几里得，还有这样一个有趣的故事。

欧几里得从小就爱好数学，有着极高的数学天赋。16岁的时候，欧几里得所在的小镇子已经没有老师能够超过他了。后来，他的其中一个老师向他推荐了著名的柏拉图学院，让他去那里求教。柏拉图学院位于当时古希腊文明的中心——雅典。为了能够学到更深层次的数学知识，欧几里得不辞辛劳，经过几天的步行，到了当时有着浓郁的文化气氛的雅典。

这天，当欧几里得赶到位于雅典城郊外林荫中的柏拉图学院时，只见学院的大门紧闭，门边挂着一块牌子，上面写着这样一句话：

懂数学者，不得入内。

在来雅典的途中，欧几里得就听说了这件事，说这是当年柏拉图立下的规矩，为的是让学生们知道他对数学非常重视。

和很多人一样，初次看到这句话的欧几里得觉得很费解，心想：“我如果不懂数学的话，就不会来这儿求教，如果懂了，那还来这儿干什么？”想到这里，欧几里得整了整衣装，然后果断地推开了学院大门，到老师处去报到了。

“懂数学者，不得入内”，就是在告诉学生，要抱着求知的态度，在追求数学知识的道路上，是没有尽头的。这个学院谁都可以进去，因为没有人能够懂得所有的数学知识。

在柏拉图学院里，老师的教学没有固定的场所和形式，和同学之间是一种平等的关系，通过对话和商讨的形式进行。这种教学方式是一种全新的教育模式，这种模式要求学生具有高度的抽象思维能力。因为在所有的学科中，数学，尤其是几何学，涉及对象就是普遍而抽象的东西。它们同生活中的事物有关，但是又不来自这些具体的事物，因此学习几何被认为是寻求真理的最有效的途径。

求知若渴的欧几里得被这里的教育方法和知识深深地陶醉了，为了学习数学知识废寝忘食，除了学习和研究数学知识之外，他哪儿也不去，什么也不干，熬夜翻阅和研究了当时和前人所有的数学家总结的学术思想和数学理论。

通过刻苦的努力，他在数学中小有心得。他得出结论：图形是神绘制的，一切现象的逻辑规律都体现在图形之中。他认为：研究数学，就应该以图形为主要研究对象，将抽象的事物以图形的形式展现出来。在这种思想的指导下，他的数学造诣日渐高深。

经过孜孜不倦的研究、学习，他总结了前人的经验，研究出很多前人没有发现的数学知识，将自己的研究整理成一套有着严密系统的理论，写成了数学史上的巨著——《几何原本》。

《几何原本》最主要的特色是建立了比较严谨的几何体系，在这个体系中有四方面主要内容：定义、公理、公设、命题（包括作图和定理）。《几何原本》第一卷列有23个定义、5条公理、5条公设。其中最后一条公设就是著名的平行公设，或者叫作第五公设。它引发了几何史上最著名的长达两千多年的关于“平行线理论”的讨论，并最终诞生了非欧几何。

时至今日，中学课程里的初等几何的主要内容完全包含在《几何原本》里了。关于几何论证的方法，欧几里得提出了分析法、综合法和归谬法。其中，他最杰出的成就，是证明了勾股定理。如果直角三角形两直角边分别为a、b，斜边为c，那么$a^2+b^2=c^2$，即直角三角形两直角边的平方和等于斜边的平方。书中还有关于勾股定理的推广定理：“直角三角形斜边上的一个直边形，其面积为两直角边上两个与之相似的直边形面积之和。”

科学小链接

从勾股定理可以推出下面的定理：以直角三角形的三边为直径作圆，则以斜边为直径所作圆的面积等于以两直角边为直径所作两圆的面积之和。

可以说，欧几里得是几何学的先驱，是几何学的代表人物。

刘徽——中国古代最伟大的数学家

中国古代的数学是世界数学界中的一朵奇葩，对世界数学学科的发展作出了很大的贡献，刘徽是其中的代表人物。

刘徽，三国时期魏国人，籍贯山东临淄，中国古典数学理论的主要奠基

人。其主要著作是《九章算术注》和《海岛算经》，是我国历史上最宝贵的一笔数学遗产。

中国古代第一部数学专著《九章算术》提出了246个问题的解法，如四则运算、正负数运算、几何图形的体积、面积计算等，都属于世界先进之列。但解法比较原始，缺乏必要的证明，而刘徽则对此均作了补充证明，并将这些证明进行归纳总结，写出《九章算术注》。这本《九章算术注》甚至超过了《九章算术》本身，显示了他在多方面的创造性的贡献。

在数学史上，他是世界上最早提出十进小数概念的人，并用十进小数来表示无理数的立方根；在几何方面，提出了“割圆术”，即将圆周用内接或外切正多边形穷竭的一种求圆面积和圆周长的方法。他利用割圆术科学地求出了圆周率$\pi=3.14$的结果。关于割圆术，还有一个非常有趣的故事。

刘徽有个同窗好友叫刘俢，两个人都很喜欢数学，刘俢是计算方面的高手。在圆周率的计算方面，刘俢更倾向于前人使用的正六边形计算圆周率的方法。刘徽则觉得这种方法计算圆周率误差太大，为了得到刘俢的支持，他想到了一个好办法。

这天，刘徽吩咐仆人做了几张刘俢喜欢吃的芝麻饼，邀请刘俢过来品尝。

刘俢到来之后，刘徽笑着说：“你饿了吧？今天我请你吃大饼。”

说完吩咐仆人到厨房将事先准备好的一摞大饼拿出来，这些大饼一样大，但都做得特别圆。

芝麻饼唤起了刘俢的食欲，他伸手刚想去拿大饼，刘徽拦阻说：“且慢，这样拿起来就吃，多没有意思。”

刘俢把手缩回去，疑惑地问：“怎么吃饼才有意思？”

刘徽用刀在第一张圆饼中切出一个内接正六边形，然后把切下来的6小条弓形饼递给了刘俢，说：“吃吧。”刘俢虽然嫌少，但还是双手接过来，两口就吃完了。

刘修说："再继续切。"

刘徽说："现在切第二个圆饼。"说完拿起刀，在圆饼上切出一个圆内接正十二边形，切出12条又细又短的弓形小饼递给刘修，说："请吧。"

"啊！就这么一点儿？"刘修一只手接过这12条小饼，一口就吞了下去。

刘徽说："够不够吃？不够我再切第三张圆饼。"

刘修问："不够吃。第三张饼你准备怎么切？"

刘徽说："我准备切出一个圆内接正24边形。"

刘修赶忙阻止，说："如果你切下来24小条饼，恐怕我吃到天黑也吃不饱肚子。"

刘徽笑着说："仁兄，难道你没有看出我的良苦用心吗？"

刘徽这一说，刘修才意识到，他想了想自己刚刚吃下的饼，说："正多边形的边数越多，切下来的饼越少。"

"对极啦！"刘徽高兴地说，"前人用正六边形的周长来代替圆周长，这样做误差太大，求出圆周率等于3也就不准确。如果用正12边形去替代圆，求出的圆周率肯定比3要准确些。"

刘修抢着说："如果用正24边形来代替圆，误差就更小啦！用正24边形的周长来代替圆的周长，求出来的圆周率会更准确些。"

"说得太对啦！"刘徽说，"我想用这种每次边数加倍的方法，一定能够算出最精确的圆周率。"

刘徽的建议得到了刘修的支持，在刘修的支持下，两个人画出了圆内接正192边形，算出圆周率等于3.14。

科学小链接

刘徽提出的计算圆周率的科学方法，奠定了此后千余年中国圆周率计算在世界上的领先地位。

刘徽的一生都在努力地追求数学知识，经过刻苦的努力，给中华民族留下了宝贵的数学财富。

秦九韶——《数书九章》的作者

秦九韶，生于1208年，卒于1261年，普州安岳（今四川）人。中国历史上有名的数学家，与当时的李冶、杨辉、朱世杰并称“宋元数学四大家”。

秦九韶的代表作为《数书九章》，其中的大衍求一术、三斜求积术和秦九韶算法，是《数书九章》中成就最高的，在世界上具有深远的影响。他的主要成就都是在政务之余所取得的，主要是由于他对数学的热爱。

他曾先后在湖北、安徽、江苏、浙江、广东等地做官，这为他广泛结交各地在数学方面取得成就的人以及搜集数学方面的资料提供了条件，他将搜集和学到的数学知识进行分析、研究。此后，在为母亲三年守孝期间，把长期积累的数学知识和研究所得加以编辑，写成了闻名于世的巨著《数书九章》，并创造了“大衍求一术”。

在江苏做官的时候，他在韩信的故乡淮安市淮阴区听到一个故事，这个故事在当地大人孩子都耳熟能详。这个故事，为他以后的成就提供了理论基础。

故事的内容是这样的：

在楚汉战争中，战火纷飞，民不聊生。

在一次战役中，韩信率领1500名将士与楚王大将李锋交战。经过一番苦战，韩信终于赢得了战争，但汉军也死伤四五百人。为了防止敌军来袭，韩信迅速整顿兵马返回大本营。

在返回途中，行至一个山坡时，接到探马的情报，说有楚军骑兵追来。韩信问对方有多少人马，探马说只见远方尘土飞扬，杀声震天，由于天黑，无法确切知道对方有多少兵马。

汉军刚刚经历一场大战，将士十分疲惫，且士气低下，听到探马的情报之后，出现了军心动摇的现象。韩信登上最近的一座山坡，发现来敌不足五百骑，便迅速点兵布阵，准备迎敌。

在排兵布阵的时候，出现了问题。他命令士兵3人为一排，结果多出2名；接着命令士兵5人一排，结果多出3名；他又命令士兵7人一排，结果又多出2名。

此时，韩信马上向将士们宣布：我军有1073名勇士，敌人不足500人，我们居高临下，以众击寡，一定能打败敌人。韩信这一说，顿时士气高涨。一时间旌旗摇动，鼓声震天，汉军采取正确的战术，实施反攻击，结果楚军乱作一团。交战不久，楚军大败而逃。

韩信如何能在排兵布阵时就知道自己有多少兵马呢?

听到这个故事之后，秦九韶没有被故事情节所吸引，而是被韩信立刻就能算出自己的士兵数感到好奇。经过他的不断研究，创立了现代数论中求解一次同余式方程组问题，即“大衍求一术”，这种方法领先德国数学王子高斯554年，是当时世界数学的最高成就，被西方称为“中国剩余定理”。

聪明的小朋友，你知道韩信如何能够在最短的时间内知道自己有多少兵马吗?

其实很简单，先求3、5、7的最小公倍数，为105。这里，因为3、5、7为两两互为质数的整数，因此，最小公倍数为这些数的积。然后将公倍数乘以10，再加23，答案就是1073人。

具体的算法是这样的：一个整数除以3余2，除以5余3，除以7余2。

首先，列出除以3余2的数：2、5、8、11、14、17、20、23、26……

其次，再列出除以5余3的数：3、8、13、18、23、28……

这两列数中，首先出现的公共数是8，3与5的最小公倍数是15，两个条件合并成一个就是8＋15×整数，列出这一串数是8、23……

再次，列出除以7余2的数：2、9、16、23、30……

由此，可以得出符合题目条件的最小数是23。

此时，把题目中三个条件合并成一个：被105除余23的数。

因为韩信的士兵在1000～1500之间，应该是105×10＋23=1073人。

当前，世界各国从小学、中学到大学的数学课程，几乎都涉及他的定理、定律和解题原则。秦九韶在数学方面为世界数学做出了重要的贡献。

科学小链接

质数又称素数，是指在一个大于1的自然数中，除了1和此整数自身外，没法被其他自然数整除的数。互为质数是指两个数的公因数只有1。

笛卡尔——近代数学的始祖

笛卡尔，法国伟大的数学家、物理学家，1596年3月31日出生，解析几何的创始人。在数学历史上，他所建立的解析几何具有划时代的意义，被誉为“近代数学的始祖”。

笛卡尔在《几何学》一书中，提出了解析几何学的主要思想和方法，标志着解析几何学的诞生。此后，人类进入变量数学阶段。

笛卡尔最卓越的成就是创立坐标系，即笛卡尔坐标系，也称直角坐标系，这是一种正交坐标系。正交坐标系有二维直角坐标系和三维直角坐标系，二维直角坐标系是由两条相互垂直、在0点重合的数轴构成的；三维坐标系是在一个空间内，用三条相互垂直的线组成一个空间坐标系。在空间内，任何一点的坐标都是根据数轴上对应的点的坐标确定的，任何一点与坐标的对应关系，类似于数轴上点与坐标的对应关系。采用直角坐标，几何形状可以用代数公式明确地表达出来。几何形状的每一个点的直角坐标必须遵守代数公式。

关于笛卡尔发明这个坐标系，还有一个有趣的小故事。

有一年深秋，笛卡尔感染了重感冒，卧床休息，头脑昏昏沉沉。尽管这样，他还在反复思考一个自己正在研究的课题。

这个时候，他的窗前有一只蜘蛛正忙着在角落上结网，它在丝网上爬来爬去，忙着织网，拉着丝垂了下来。一会儿工夫，蜘蛛又顺这丝爬上去，在上边左右拉丝。

他想，蜘蛛在空中来回游动，如何才能确定蜘蛛的位置呢?

突然，他豁然开朗，如果把蜘蛛看作一个点。他在网子里可以上下左右运动，上下左右距离一个点的长度，就能够把蜘蛛的每一个位置用一组数确定下来。

他随即又看到，屋子里相邻的两面墙与地面交出了三条线，如果把地面上的墙角作为起点，把交出来的三条线作为三根数轴，那么空间中任意一点的位置就可以在这三根数轴上找到有顺序的三个数。反过来，任意给一组三个有顺序的数也可以在空间中找到一点与之对应，同样道理，用一组数可以表示平面上的一个点，平面上的一个点也可以用一组两个有顺序的数来表示。

想到这里，他不顾自己的重感冒，立刻从床上跳起来，趴到桌子上用笔将自己刚刚的设想画下来。经过不断地改进，坐标系的雏形出现了。

坐标系的创建，是数学史上的一次大踏步的前进，它在代数和几何上架起了一座桥梁，它使几何概念可以用代数形式来表示，几何图形也可以用代数形式来表示，于是代数和几何就这样合为一家人了。

借助坐标系，当时很多数学界有争论的问题都迎刃而解。

笛卡尔的怀疑精神解放了人类的天性，促进了当时社会科学的进步和发展。

科学小链接

地球仪上的一条条纵横交错的线，就是坐标系的应用。地球仪上的横线是纬度，竖线是经度。比如我们伟大的首都北京位于东经116° 23′ 17″，北纬39° 54′ 27″，卫星定位系统就是采取这种方法，迅速确定要寻找的目标的位置。

费马——业余数学家之王

在世界数学历史上，费马是最特殊的一位数学家。他对数学的研究属于业余爱好，被称为“业余数学家之王”。

17世纪初，费马出生于法国南部，父母经商，家境比较殷实。

费马由于家境丰厚，从小就受到了良好的启蒙教育，有广泛的兴趣和爱好。长大之后，借助家族的势力，他做了官，官职比较轻松，由于业余爱好，他开始研究数学。

在当时的欧洲，数学已经取得了不小的成就，但由于语言障碍，数学家之间并没有多少沟通，数学一直停留在较浅的层次上。很多著名的数学家，都在自己研究的领域中取得了不小的成就，但只限于自己研究的领域。

费马从小受到良好的教育，通晓法语、意大利语、西班牙语、拉丁语和希腊语，而且还颇有研究。语言方面的博学给费马的数学研究提供了语言工具和

便利，使他有能力学习和了解意大利的代数以及古希腊的数学。正是这些，为费马在数学上的造诣奠定了良好基础。

在数学上，费马不仅可以吸收到欧洲最先进的数学思想和理念，还能借鉴它们所长，将之结合起来，为自己所用。

对费马而言，数学方面的研究属于兼职。他将自己平时学到的数学知识加以研究，闲暇之时，重写了古希腊数学家阿波罗尼奥斯失传的《平面轨迹》一书。他用代数方法对阿波罗尼奥斯关于轨迹的一些失传的证明作了补充，对古希腊几何学，尤其是阿波罗尼奥斯圆锥曲线论进行了总结和整理，对曲线作了一般研究。

一个偶然的机会，费马在皇宫图书馆读到丢番图《算术》的拉丁文译本，对它产生了浓厚的兴趣，闲暇之余认真地研究这个译本。一次，他随手拿起一支笔，在第11卷第8命题旁写道：

将一个立方数分成两个立方数之和，或者将一个四次幂分成两个四次幂之和，或者将一个高于二次的幂分成两个同次幂之和，这是不可能的。关于此，我确信已发现了一种美妙的证法，可惜这里空白的地方太小，写不下。

这句话经过演绎、整理，成为现代数学上一个重要的定理：

当整数$n>2$时，关于x、y、z的不定方程$x^n+y^n=z^n$无正整数解。

正是这样不经意的一句话，促进了数学的大踏步前进。

当时，对这句话毕竟费马没有写下证明。这句话能引起重视，主要是因为他的其他猜想对数学贡献良多，由此激发了许多数学家对这一猜想的兴趣。数学家们的有关工作丰富了数论的内容，推动了数论的发展。

这个定理为什么被称为费马大定理呢?

因为费马提出了数论方面许多引人注目的、富有洞察力的结论，这些结论一直到他去世后很久才被人证明大多是正确的，只有一个是错的。

直到19世纪中期，这一结论还没有被证明，因此被称为费马的最后定理。把该定理称为费马大定理，是用以区别费马小定理。

直到两百年后，这一定理才被数学家证明。

科学小链接

费马小定理：假如p是质数，且（a，p）=1，那么 $a^{(p-1)} \equiv 1 \pmod p$，也就是说，假如p是质数，且a，p互质，那么a的（p−1）次方除以p的余数恒等于1。

莱布尼茨——微积分的创立者

莱布尼茨是德国著名的数学家，和牛顿同为微积分的创建人。

17世纪中期，莱布尼茨出生于德国东部莱比锡的一个书香世家，从小受到非常良好的教育，并具有很高的天赋，幼年时就对数学和历史有着浓厚的兴趣。

17世纪后期，随着科学技术的不断进步，数学也在一定程度上得到了很大的发展。经过各国科学家的努力与历史的积累，建立在函数与极限概念基础上的微积分理论应运而生了。

关于微积分思想，最早是由阿基米德提出的，在寻找计算物体面积和体积的方法中提出了微积分。

几乎是同时，牛顿和莱布尼茨发表了微积分思想的论著。

其实，在这以前，微分和积分是作为两种数学运算、两类数学问题进行研究的。当时的一些数学家如卡瓦列里、巴罗、沃利斯等人得到了一系列求面积、求切线斜率的重要结果，但受制于语言、国界，这些重要成果都是孤立的，不连贯的。

在牛顿和莱布尼茨将积分和微分真正沟通起来之后，很多数学家找到了两者内在的直接联系：微分和积分是互逆的两种运算。而这是微积分建立的关键所在。只有确立了这一基本关系，才能在此基础上构建系统的微积分学，并从对各种函数的微分和求积公式中，总结出共同的算法程序，使微积分方法普遍化，发展成用符号表示的微积分运算法则。

因此，西方数学界在微积分的定位上，“是牛顿和莱布尼茨大体上完成的，但不是由他们发明的”。

然而关于微积分创立的优先权，牛顿与莱布尼茨之间曾经进行激烈的争论，一时间让两个人陷入水火不容的境地。实际上，牛顿在微积分方面的研究虽早于莱布尼茨，但莱布尼茨成果的发表则早于牛顿。

在研究微积分方面，牛顿的出发点是建立在物理学的知识上，运用集合方法研究微积分，其应用上更多地结合了运动学，造诣高于莱布尼茨。而莱布尼茨的微积分则是建立在几何基础上，运用分析学方法引进微积分概念，得出运算法则，其数学的严密性与系统性是牛顿所不及的。

莱布尼茨依靠天生的聪明才智，经过不间断的研究，在数学方面取得了巨大的成就。他的研究及成果渗透到高等数学的许多领域，他的一系列重要数学理论的提出，为后来的数学理论奠定了基础。

莱布尼茨最先提出负数和复数的概念，并着手进行研究。在负数方面，由于当时数字主要是用来计数，对不存在的东西都记为零，并不存在负的概念。莱布尼茨从数学的角度出发，提出了负数的概念。不仅如此，在对复数的研究方面，也作出了贡献，他提出复数的对数并不存在，共轭复数的和是实数的结论。

经过数学家的研究，证明了莱布尼茨的结论是正确的。他还对线性方程组进行研究，对消元法从理论上进行了探讨，并首先引入了行列式的概念，提出行列式的某些理论。此外，莱布尼茨还创立了符号逻辑学的基本概念。

由于卓越的成就，1673年，莱布尼茨受邀到巴黎去制造了一个能进行加、减、乘、除及开方运算的计算机。这是继帕斯卡加法机后，计算工具的又一进步。从这点上来说，现代计算机的发展也有莱布尼茨的一份力量。

晚年，他系统地阐述了二进制计数法，并将它和中国的八卦联系起来，从某种意义上来说，当时的莱布尼茨已经开始重视东方的数学成就，为数学的发展作出了贡献。

科学小链接

关于莱布尼茨的二进制与中国的八卦图的关系，有许多考证，但是对于莱布尼茨是受到八卦图的影响而发明二进制还是单独发明二进制，迄今似乎也没有定论。但不可否认，中国的八卦图包含着当时先进的数学知识。

欧拉——图论的奠基人

请回忆一下前面一段非常有趣的故事。

在俄罗斯有一条河，河的中间有两座小岛，河上有七座桥，将河中间的两座岛和河岸连接起来，问题是能否一次性不重复地走完所有的桥。

当时，很多人怀着好奇的心情去尝试，却从来没有人能够完成。

后来，一个著名的大数学家欧拉给出了答案：一次性不重复走完所有的桥是不可能实现的。

还记得他使用的方法吗?

欧拉把这个问题以几何图形的形式展现出来，他把两座小岛和河的两岸分别看作四个点，而把七座桥看作这四个点之间的连线。那么这个问题就简化成：能不能用一笔就把这个图形画出来。经过进一步的分析，欧拉得出结论——不可能每座桥都走一遍，最后回到原来的位置。

这就是图论的价值所在。

欧拉，18世纪瑞士数学家，后来到俄国求学，在俄国的14年中，他全身心地投入研究工作，在分析学、数论及力学方面均有出色的成就。此外，欧拉还应俄国政府的要求，解决了如地图、造船等实际生活中的问题。

欧拉解决这些问题使用的方法就是图论，图论本身是应用数学的一部分。在欧拉之前，历史上有好多位数学家各自独立地提出并使用过图论，但并没有将其上升到理论高度。直到1736年，欧拉的著作中将图论上升到理论的高度。

然而，直到19世纪中期，图论才真正被人们所关注。英国著名的数学家哈密顿发明了一种游戏：用一个规则的实心十二面体，它的20个顶点标出世界著名的20个城市，要求游戏者找一条沿着各边通过每个顶点刚好一次的闭合回路，即“绕行世界”。

一时间，这道题成了街头巷尾人们议论的话题，甚至一些数学家都参与进来，但都不能给出一个具有说服力的答案。此时，有人想到了欧拉的图论，用图论的方法进行解决，游戏的目的是在十二面体的图中找出一个生成圈。

图论的出现，大大简化了问题的复杂性，答案迎刃而解，这个问题后来就叫作哈密顿问题。

很多数学问题，借助图论的方法解决就变得非常容易。因此，有人曾经评论欧拉的图论，“欧拉进行计算看起来毫不费劲儿，就像人进行呼吸，像鹰在风中盘旋一样”。

巧合的是，欧拉的数学生涯开始于牛顿去世的那一年。时代的大背景，注定了欧拉的数学成就。对于欧拉这样一个天才人物，不可能选择到一个更有利的时代了。解析几何已经应用了90年，微积分出现半个世纪，牛顿的万有引力定律这把物理天文学的钥匙，摆到数学界人们面前已40年，却依旧无人能够使用。在每一个领域之中，都已解决了大量孤立的问题，同时也做了进行统一的尝试。

当时的数学虽然处于一个较低的水平上，但也已初成系统。在数学方面，欧拉的图论将欧拉带入大师的行列。事实上，欧拉在数学方面的才华，就是表现在图论上。

借助欧拉的图论，几何中出现的问题，诸如三角函数问题，通过图直观地展现在人们面前，一目了然。

科学小链接

图论的出现将几何化作数学的一个重要分支。借助图论，人们解决了很多数学方面的问题，它可以用一种最直观、简洁明了的方法，解决复杂的数学问题。

高斯——数学王子

先来说一个小故事：

一天，有个学生上课说话，惹怒了数学教师。老师怒气冲冲命令全班同学："今天，你们给我计算1加2、加3、加4……一直加到 100 的总和，算不出来，不许回家吃饭。"

说完，老师坐到一旁，独自看书去了。

同学们只好乖乖地埋头计算。

当老师刚打开书，准备翻看时，一个学生举起了手："老师，我做完了。"

“做完了？这么快就做完了？”老师惊讶地抬起头，看到是班级里平时最沉默寡言的学生。

“答案是5050。”这个学生回答道。

这个神奇的速度让老师非常吃惊。

你能知道这个学生是怎么计算的吗?

他分析了这些数字的特点，不是用逐个连加的方法，而是从两头相加，把加法变成乘法来做的：

$1+2+3+\cdots\cdots+99+100$

$=(1+100)+(2+99)+\cdots\cdots+(50+51)$

$=101\times50$

$=5050$

这个算式中，101是“首项”与“尾项”的和，50是100项数的一半。

据此，可列成公式：

连续数的总和＝（首项＋尾项）×（项数÷2）

这个令老师惊奇的学生，就是历史上伟大的数学家——高斯。

高斯1777年4月30日生于不伦瑞克，德国著名数学家、物理学家、天文学家、大地测量学家。

高斯家境贫寒，从小便帮助父亲做些力所能及的工作。他的父亲曾做过园丁、工头、商人的助手和一个小保险公司的评估师。父亲非常疼爱高斯，常常是一边工作，一边抱着高斯。在经常与数字打交道的过程中，三岁的高斯便能够纠正他父亲账目中的差错。他的数学天赋渐露头角。高斯曾经在介绍自己的时候这样说：“我在麦仙翁堆上学会计算，在头脑中进行复杂的计算，这是上帝赐予我一生的天赋。”

前面说的事例，就是高斯9岁时发生的事情，但是据更为精细的数学史书记载，高斯所解的并不止1加到100那么简单，而是$81297+81495+\cdots+100899$（公差198，项数100）的一个等差数列。

极高的数学天赋，让高斯在12岁时已经开始怀疑元素几何学中的基础证

明。16岁时，他在解答一道几何题目时，大胆地预测在欧氏几何之外必然会产生一门完全不同的几何学。事实证明，他的预测是正确的，经过研究，他创立了非欧几何。

极高的数学天赋，让高斯的成就遍及数学的各个领域，在数论、非欧几何、微分几何、超几何级数、复变函数论以及椭圆函数论等方面均有开创性贡献。他十分注重数学的应用，并且在对天文学、大地测量学和磁学的研究中也偏重于用数学方法进行研究。

高斯的成就不是仅仅依靠天赋，更重要的是后天的努力。

18岁的时候，高斯在思考一个数学问题时，废寝忘食，终于发现了质数分布定理和最小二乘法。为了证明结论的正确性，他对足够多的测量数据进行处理、分析，终于得到一个新的、概率性质的测量结果。

后来，在此基础上，高斯专注于曲面与曲线的研究，并成功得到高斯钟形曲线，其函数被命名为标准正态分布，并在概率论中大量使用。

科学小链接

高斯在19岁时，经过努力，用没有刻度的尺子与圆规便画出了正17边形，而这是著名的阿基米德与牛顿均未做出的成果，这一成果为欧氏几何提供了自古希腊时代以来的第一次重要补充。

第7章　生活中的数学

数学虽没有像应用题、故事或游戏趣题那样的事件、情节，往往只透露一点点信息，却要求从已知的点滴信息中，推出它的整体面貌。它像一团雾，像一个谜，虽然一时看不清，抓不住，却又有着实实在在的答案。这样就更加能引人思考。

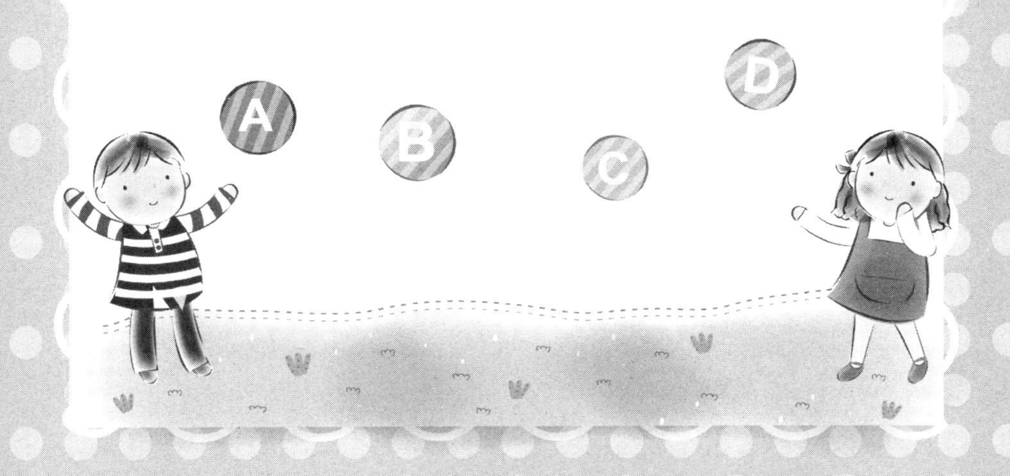

俊文回到家之后，对妈妈说："妈妈，我现在已经是个魔术师了，我来给您变个魔术。"

妈妈高兴地说："行！什么魔术？"

俊文故作神秘地说："只要按我的要求做，我可以具体猜到您的出生日期。"

妈妈问："真的？快说，什么要求？"

"好。"俊文说，"首先，将你的月份乘以100，再把出生的日期加上去；将得数乘以2，再加8；再将得到的数乘以5，加上4；再将得到的数乘以10，加上4；最后，再加上你的岁数，将所得的数减去444。"

妈妈按照要求算了好一会儿，说："最后得数是121831，你知道我是哪月哪日生的？"

俊文不假思索地说："你31岁，12月18日生。"

妈妈奇怪地问道："你是怎么猜中的？"

俊文神秘地说："我是魔术师，所以能够知道。"

聪明的小朋友，你知道俊文是如何算出来的吗？

其实，非常简单，只要你肯动脑筋，一切就会迎刃而解。

首先，根据要求，将你的出生月份设为X，将日期设为Y，年龄设为Z，列成算式是：

$$\{[(X\times100+Y)\times2+8]\times5+4\}\times10+4+Z-444$$

化简后为：$10000X+100Y+Z$

将你的出生月份、日期和年龄代进去，最后得到的结果就能够一目了然。

这个算式表明：

对方告知的计算结果，万位以前的数是出生月份，百位以前万位以后的数是出生日期，十位和个位上的数是年龄数。因此，俊文可以迅速猜出妈妈的年龄和出生日期。

这就是数学知识的运用，是一种最为直观的计算。

同样，还有一种方法，同样也是利用数学知识，这种事例多出现在魔术中。

魔术师说："我不仅能知道你的年龄，还能算你出生月份。"

可能你会问："你能猜出我是哪月出生的吗？"

魔术师肯定会告诉你能够猜出，只要你按照他的要求做。

"请将你的年龄用5 乘，再加6，得数再乘以20，再把出生月份加上去，最后减去365。"比如，你的得数是764，魔术师只需要简单计算一下，就会告诉你："你今年10岁，9月出生。"

这和上面的事例一样，有一个万能公式。

首先，根据魔术师提出的要求，列成算式是：

$(\text{年龄} \times 5 + 6) \times 20 + \text{月份} - 365$

将此式化简后，得：

$\text{年龄} \times 100 + \text{月份} - 245$

认真分析一下这个算式可知，百位以上的数是年龄数，十位、个位数便是出生月份，但必须加245，才能还原。式中的"-365"只是个障眼法而已。

如上例：

$(10\times5+6)\times20+9-365$

$=56\times20+9-365$

$=764$

$764+245=1009$

魔术师只需要将对方的答案764，再暗暗地加上245，得1009，百位前是10，便知对方为10岁，十位、个位分别是0、9，便知对方为9月生。

这便是奇妙的数学！生活中，我们经常能够接触到类似的事例，这种魔术表面看起来匪夷所思，只要你肯动脑筋，就能够发现奥秘。

聪明的小朋友，努力学好数学知识，利用学到的数学知识，做个小小的魔术师吧！

科学小链接

对于这类魔术，你要学会逆向思维，按照对方的答案往前推，打破常规思维，就能发现秘密所在。

数学蕴藏的知识是无穷无尽的，简单的10以内的数字，都能够演变成无数的魔术。认真地学习和研究，你就会发现其中的乐趣。

数字神探——利用数字就可知道

在学校举行的元旦联欢会上，俊文的数学老师亲自上阵，给同学们表演了一个魔术，赢得了同学们的阵阵喝彩。

老师走上讲台，举起一张事先准备好的数字卡片，上面写着“667”三个数字。

老师说：“这是三个很平凡的数字，但是，这三个数字到了我的手上，就有了惊人的力量，因为它能成为我的‘数字侦探’。”

同学们只听说过柯南侦探，还从来没有听说过“数字侦探”，都睁大了眼睛看着那张写着三个数字的纸。

有同学问：“它能侦探什么？”

老师说：“当然是侦探数字喽。这个数字具有一种神奇的魔力，只要是三位及以内的自然数，只要尾巴被它接触到，它就知道这个数的尾数是什么。”

老师刚刚说完，就有人发出了一声惊叹。

“我们悄悄地写下一个数，不让你看到，它也能侦测出吗？”有人怀疑地问。

“那当然，如果被我看到了，还要这个‘数字侦探’干什么？”老师自信地说道。

台下很多人都举了手，俊文也踊跃举手。数学老师挑选了四名学生，当然，都是其他班的同学，这样才更有说服力。

老师说：“你们尽管写吧，一位数、两位数、三位数都行。”

四个学生转过身，在一张小纸片上写下了几个数字，并将它们捂得严严实实，也就是说，除了他们自己，别人谁也不知道那个数字是什么。

写好之后，他们转过身。

老师说："请把写的数与我的'数字侦探667' 相乘，只要把积的尾数告诉我，让我的数字抓住了尾巴，你们原先写的数，'数字侦探667'就会全部告诉我。"

这个时候，很多人都在焦急地等待着结果。

老师为了吊起大家的胃口，继续说道："与667 相乘，积的位数肯定不少，但是我要的尾数却不多：你写的若是一位数，就只告知我积的最后一位；是两位数的，也只要积的最后两位数；是三位的，只要积的最后三位数。"

老师简单地交代完之后，其中的一个学生说："我的尾数是9。"

"那你写的一定是7。"老师几乎没有思索，随口应答。

这个同学慢慢地展开纸条，台下的观众立刻发出一片惊叹声。

"我的尾数是82。"又一位同学开口了。

"你写的是46。"几乎是同时，老师说出了答案。

这个同学也慢慢地展开纸条，纸条上清楚地写着"46"，台下的观众又发出一片惊叹声。

"我的尾数是442。" 又一位同学开口了。

"你写的是326。"老师说道。

从这个同学的眼神中，台下的观众已经知道老师又猜对了。

这时候，老师十分自信说："我的侦探667，只要抓住一点点的信息，便能迅速顺藤摸瓜，告诉我真相，使全部真相大白，从来没有失误。"

聪明的小朋友，你知道数学老师表演的魔术，是怎么实现的吗?

首先，将667乘以3，$667\times3=2001$，任何三位以内的数与2001 相乘，积的尾数必定仍是原数。

表演者要求用对方所想的数与667 相乘，他只要将对方告知的尾数再乘以3，则必然是原数了。

比如，如对方告知尾数是9，$9\times3=27$，可知对方写的数是7，即$667\times7=4669$；如果对方告知尾数是82，$82\times3=246$，可知对方写的是46，即$667\times46=30682$。

科学小链接

数学中有许多规律，借助这些数学规律可以提高解题速度，避免一些不必要的计算。

字数对应——巧排顺序的小魔术

床前明月光，疑是地上霜。

举头望明月，低头思故乡。

唐朝著名诗人李白的这首《静夜思》，短短的二十字，用平淡的叙述，抒发远在天涯的游子的浓浓思乡之情，情真意切，意味深长。千百年来，被很多游子传吟。

这天，爸爸拿出20张小卡片，每一张卡片都写着一个字，正是这首《静夜思》。爸爸把它们叠成一叠拿在手上，最上面一张是“床”字，对俊文说：“我来给你表演一个小魔术。”

俊文立马安静地坐在桌子对面，睁大眼睛看着爸爸的表演。

“你看，这副卡片是不是非常乱？看起来根本不像一首诗。”爸爸把卡片打开，一一展现在俊文面前。

俊文认真地看了卡片，第一个字是“床”，第二个字是“霜”，第三个字是“月”，第四个字是“明”……非常乱，根本看不出来是一首诗。

随后，爸爸把“床”字放在桌子上，然后一张一张地把最上面的卡片移到最下面，移掉6张之后，便出现了“前”字。

接下来，又连续移掉6张，“明”字又出现了。随后，每从上面移下6张，便出现了诗句的下一个字，最后剩在手里的是“乡”字。

看到这里，俊文睁大了眼睛：“爸爸，你预先是按照什么顺序把卡片排好的？”

聪明的小朋友，你知道俊文的爸爸是如何做到的吗？

其实，俊文的爸爸使用的是数学中的对应法则。

首先，这首诗有20个字，在纸上画20个方格，在最左面的方格里写上号码1，空6个格子写上2，再空6个格子写上3。在3的右边，现在只有5个格子了，再接着从左边留1个空格，写上4。以后继续这样数下去，每跳过6个格子，就按顺序填一个号码，数到右边格子不够的话，就从左面空格处开始数，直到凑足6个空格，写到20为止。

完成这些之后，显示的是：

1、10、4、14、13、15、12、2、7、9、5、18、16、11、3、19、20、8、6、17。

最后，将诗中的20个字，按照顺序编上号码，再按纸上排好的号码顺序叠成一叠，自上而下是：

床、霜、月、明、望、月、头、前、是、上、光、思、低、举、明、故、乡、地、疑、头。

这个有趣的游戏，还有多种不同的玩法。可以用不同的诗，或者要求把扑克按照制订的顺序进行排列。当然，不一定每隔6张抽1张，可以先隔1张抽1张，再隔2张抽1张，然后隔3张抽1张，就会更有趣。

这样把20个字的顺序重排一下，在数学中就是把一个集合的20个元素，和自己一一对应了一下。这种集合到自身的一一对应，在数学中叫作置换。在数学中，置换是一种很有用的一一对应。

科学小链接

置换是指将顶点的变换用矩阵的形式表示的一一对应的关系，比如，（1234）一一对应（3412）。

不对称——人闭上眼睛走不了直线

俊文和爸爸妈妈玩捉迷藏，轮到爸爸捉的时候，他居然走出了一条非常弯曲的弧线，让俊文大跌眼镜。

俊文笑爸爸，说：“爸爸，你太笨了，连直线都走不了。”

爸爸也自嘲道：“可能是吧，不过世界上有很多人在眼睛被蒙上的时候，都是走不了直线的。”

俊文听到之后，很不服气地说道："我蒙上眼睛，就能走直线。"

爸爸笑了，准备对俊文进行一下测试。

正好，在30米处有一个3米宽的巨石，爸爸说："前面有一块3米宽的巨石，现在我把你的眼睛蒙上，你走到那块巨石前面，能摸到巨石就算你赢。"

俊文听完之后，立刻蒙了眼睛，走向30米处的巨石处。

但是，走了很久，俊文都没有摸到巨石。这个过程中，妈妈害怕他出意外，一直跟在他的身后。

"妈妈，那块石头还有多远？我怎么还没有摸到。"俊文着急地问。

妈妈笑着说："巨石早到了，但是你没有摸到。"

俊文赶紧把蒙眼睛的布扯下来，发现已经偏离了巨石2米。俊文不服气，又试了一次，结果同样是没有摸到巨石，这让俊文很丧气。

关于这个问题，很多科学家已经证明，人在蒙眼前进的时候，走的是曲线，而不是直线。

人在前行的时候，两腿的肌肉每一次前行的速度相同，才能不需要用眼睛的帮助走出直线。而事实上，人的身体发育并不完全对称。

对称是生活中一种常见的现象，指图形或物体相对的两边的各部分，在大小、形状和排列上具有一一对应的关系。比如说美丽的蝴蝶，它的翅膀一边一个，一模一样，当它在花朵上停住时，两只翅膀在背后合在一起，看起来就像只有一只翅膀。这种大小、位置、花色图案都一致的图形就是对称图形，蝴蝶的身子就可以看成是对称轴，从对称轴向两边看，两边的图形是相对称的。数学上将这种图形称为轴对称图形，绕着对称轴转动180°，两边的图形一定会重合。轴对称图形太多了，比如枫叶、两只鞋子等。

除了轴对称图形，还有一种叫作中心对称的图形，它不是相对于轴对称的，而是相对于一个中心点呈现出对称。数学中有很多图形是中心对称的。

人在前行的时候，人的脚步总是一个比另外一个稍微大些，多表现为右脚比左脚迈的步子大。哪怕是一毫米的距离，就不能够沿直线前进了。人在睁着

眼睛的时候，对自己的脚步和行走路线会不自觉地进行调整，以使自己走的尽量是直线。但一旦闭上眼睛，这种调节功能便无法进行，且由于人总觉得自己是在走直线，就会任由两脚自然向前，于是就导致人行走时大多是往左边偏移，实际上行走的轨迹是两脚画出的同心圆。所以人在闭上眼睛时或者在黑夜里行走时很容易导致原地转圈。

大自然中，如果把一只小狗的眼睛蒙上，把它放到水里游泳，你会发现，他会在水里打转转。因此，严格来说，小狗的身体并不是对称的。

科学小链接

思考一下，飞机的双翼是对称的吗？

是对称的。因为当飞机飞上天空时，受到空气气流的冲击，只有对称的机翼才能保证飞机两边所受的冲击力相同，这样飞机才会保持平衡。所以说飞机的双翼是对称的，机身就是对称轴。

行话暗语——教你听懂那些数字密码

看电视的时候，俊文看到这样一个镜头：

两个人在商讨一批货物的价格。两个人都没有说话，买主将拇指和食指伸开，其他手指都保持拳状，没有伸开。对方摇摇头，将拇指和食指做环状，但没有连在一起，其他手指握拳。对方随即点点头。双方随即握了握手，一方交钱，另一方交货，随后两人离开了。

“爸爸，刚刚那两个人在干吗？”俊文没有看懂其中的意思，问坐在旁边的爸爸。

爸爸说：“这是在讨价还价。”

俊文说：“可是他们都没有说话，怎么讨价还价呢？”

经过爸爸的解释，俊文才明白，刚刚两个人的手势就是在讨价还价。将拇指和食指伸开，其他的都保持原状，没有伸开，表示8，行话中称为撇8；将拇指和食指做环状，但没有连在一起，其他手指握拳，表示9，行话称为钩9。

其实，在现实中，很多表示数字的行话，都是比较隐晦的。这里，就教给你一些数字方面的行话暗语。

一般而言，表示10以内的手势大抵相同，主要表现在以下几个方面。

1：伸食指；2：伸食指、中指；3：伸食指、中指、无名指；4：伸食指、中指、无名指、小指；5：五指全伸；6：伸大拇指和小拇指，其他的握起来；7：拇指食指中指捏在一起，捏7；8：拇指和食指伸开，其他的不要伸开，撇8；9：拇指和食指做环状，但不要连在一起，其他手指握拳，钩9；10：就是握紧拳头。

除此之外，粮行米行是群众最为关心的，“民以食为天”，所以粮行米行

的数字暗码比较另类，从1到10十个数字，分别以“旦底”、“空工”、“横川”、“卧目”、“缺丑”、“断大”、“皂底”、“分头”、“丸空”、“田心”代表。简单来说，这是采用一个字的某些笔画或改变一下某一个字的状态的办法，巧妙地构成一个数字的暗码。

比如，代表“一”的“旦底”，“旦”字的下面一横为数字“一”；代表“二”的“空工”去掉“工”字中间的一竖为数字“二”；代表“三”的“横川”的“川”字横着看是“三”……留下“田”字心是“十”。如果说“缺丑分头”，就是指“五八”这个数，同行业的人马上心领神会。

粮行米行有自己的数字暗语，同样与百姓生活密切相关的当铺也不例外，当铺内部的1到10这十个数字的暗码是“由”、“中”、“人”、“工”、“大”、“王”、“夫”、“井”、“羊”、“非”十个字。这种暗码是以每一个字上下左右露出的笔画的字头多少来表示数字的。如“由”字上面一竖露出一个头，为数字“一”，“中”字上下露出二个字头，为数字“二”，“羊”字上下左右露出九个字头，为数字“九”，“非”字上下左右共露出十个字头，为数字“十”。如果说“夫井”，那就是在说“七八”了。

在古代婚庆行业中，也有十个数字的暗语，它们分别为“挖”、“竺”、“春”、“罗”、“悟”、“交”、“化”、“翻”、“旭”、“田”。这种数字暗码是藏在里面的，如“挖”字里藏着一个“乙”字，就是数字“一”的谐音，“春”字里面藏着数字“三”。如果说“罗化”两字，就知道是指数字“四七”，讨价还价起来，同行的人就口径一致了。

至于五金行业，更是特别，它是用十种颜色来表示数字暗码的。即棕、红、橙、黄、绿、蓝、紫、灰、白、黑。只要说出“黄紫”、“白棕”，便知道是指“四七”、“九一”两个数字了。

在首饰店内，同行业使用的暗语则显得更复杂，但比较有内涵。首饰行业中，用天、地、光、时、音、律、政、宝、畿、重十个字分别代表“一”至“十”十个数字。

这些字内部的含义，则比较丰富。

“天”称为“一”，是因为天最大。“地”次之，故为“二”。“光”是指日月星“三光”，故为“三”。“时”的含义是指春夏秋冬四季，故为“四”。以“音”为“五”，是因为古时的音阶有宫、商、角、徵、羽五个音级，故成为“五”的代名词。“律”为“六”，律指的是古代六种乐器，即黄钟、太簇、姑洗、蕤宾、夷则、无射。“政”代表“七”，是指日月水火木金土七曜。“宝”代表“八”，是指景天科、蝎子草等八种肉质草木，俗称“八宝”，因此代表“八”。“畿”是先秦时期的行政区划，分为侯、甸、男、采、卫、蛮、夷、镇、藩等九畿，因此以“畿”为“九”。“重”，是重复的意思，即一的重复数，九加一为十，十全十美，因此代表十。

这些行业暗语都是古代劳动人民智慧的结晶，是我国历史文化的遗产，代表着中国传统的文化。

科学小链接

很多行业都有自己的暗语。在一些违法行业同样有一些行业暗语，通过行业暗语进行违法犯罪活动。只有了解足够多的知识，才能破译这些暗语。

缩骨功——奇怪的卷帘门

周末，俊文在舅舅那玩，一直到舅舅下班。恰好赶上爸爸开车来接他，关门的时候，只见舅舅从门框上面一个很鼓的包里面，拉出一道很长的门，将这扇门锁好之后，俊文坐上爸爸的汽车离开了。

这让俊文感觉到非常奇怪，为什么白天看上去那么笨重的卷帘门，并不费力就能轻松自如地开关呢？而且它根本不占多大空间，像家里的门，开门关门都要占很大的地方。而舅舅店里面的卷帘门白天收拢成一块，晚上拉开成一扇门，方便而又实用。

到底卷帘门是怎么回事呢？俊文的小脑袋充满了疑问。

爸爸开玩笑说："卷帘门会中国的武术缩骨功，所以能够变小。"

俊文也笑了，说："它只是门，又不是人，怎么会缩骨功呢？"

经过爸爸的讲解之后，俊文明白了卷帘门的原理。

卷帘门之所以被称为卷帘门，是因为它的构造，它并不是一块铁皮做的，而是由一个个菱形组成的，这就是问题的关键所在。如下图所示：

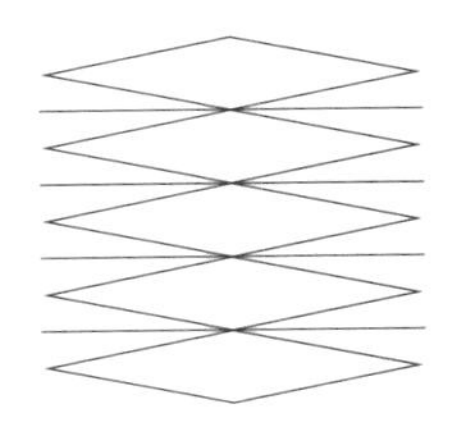

菱形是一种特殊的平行四边形，四条边都是一样长的。菱形具有以下一些性质：

（1）对角线互相垂直且平分，并且每条对角线平分一组对角。

（2）四条边都相等。

（3）对角相等，邻角互补。

（4）菱形既是轴对称图形，对称轴是两条对角线所在直线，也是中心对称图形。

（5）在60° 角的菱形中，短对角线等于边长，长对角线是短对角线的$\sqrt{3}$倍。

（6）菱形是特殊的平行四边形，它具备平行四边形的一切性质。

我们知道，前面已经论述过，三角形具有稳定性，一旦三条边确定了，三角形的形状就确定了，再也无法更改。然而，菱形的性质却与三角形不同，它的形状并不固定，这种性质，称为菱形的不稳定性，包括菱形在内，在角度不确定的情况下，所有的四边形都具有不稳定性。比如，一个三角形的架子不容易被损坏，而一个四边形的架子却非常容易变形，家庭中常用的镜框，如果没有照片，轻轻一压，就会发生变形。

卷帘门正是人们合理地使用菱形不稳定的一个方面。它的不稳定性为人们的生产生活带来了方便，卷帘门上的菱形在开关门的推拉中很容易就改变了形状，开关起来才不费劲。如果把卷帘门上的菱形换成了四边形，卷帘门就无法

推拉了。

生活中，合理利用每种图形的性质，就能够给人们的生活带来便利。

家居生活中用于挂置衣物的衣帽架，也是利用四边形的不稳定性，节省空间，用途广泛。

灯谜——传统文化与数学

元宵节的晚上，灯火辉煌。人民路整条大街两旁，挂满了灯笼。在每个灯笼的下面悬挂着一张彩色纸条，纸条上面写着一条谜语，这就是灯谜。

俊文穿着妈妈买的新衣服，高兴得手舞足蹈。远远地看见人民路两旁密密麻麻的都是人，爸爸告诉俊文那边有很多灯谜，很多人都在玩这个游戏。

灯谜是我国很古老的文化，来源于民间口谜，后经文人加工成为字谜。它最早出现在春秋战国时期，在明清时代逐渐成为一种民间文化。

由于古代数学的发展，灯谜中出现了很多数学方面的灯谜，在一定程度上，灯谜与数学文化互相促进。

今天，就介绍几个数学方面的灯谜。

1.谜面：84小时（猜一个成语）

谜底：朝三暮四

小链接：一个昼夜是24小时，84小时正好是3.5个昼夜，而一朝一暮就为一昼夜，因为“3朝”加“4暮”等于7个半天（即84小时），所以谜底为“朝三暮四”。

2.谜面：$2 \leqslant x \leqslant 3$（猜一个成语）

谜底：接二连三

小链接：“X”与2和3连接在一起，所以谜底为“接二连三”。

3.谜面：$2 \div 3$（猜一个成语）

谜底：“陆”续不断

小链接：$2 \div 3 = 0.666 \cdots\cdots$，“6”的汉字大写写成“陆”。

4.谜面：二十四小时（打一字）

谜底：旧

小链接：二十四小时为一天，一天也就是“1日”，故为“旧”。

5.谜面：$3-8$、$3-13$（打一个成语）

谜底：一五一十

小链接：$3-8=-5$，$3-13=-10$，所以谜底为“一五一十”。

6.谜面：二牛打架（数学名字）

谜底：对顶角

小链接：两只牛在打架，头顶着头，两角先抵，形象地形容为“对顶角”。

7.谜面：看上十一口，看下二十口，猜出这个字，笑得难合口（打一字）

谜底：喜

小链接：“二十”简称为“廿”，上面顺次是十、一、口；下面顺次是廿、口。连起来看，是一个“喜”字。猜出答案是喜，心里欢喜，面露笑容，嘴巴都合不拢了。

8.谜面：临行密密缝，意恐迟迟归（打两个数学名词）

谜底：分子、分母

小链接：这是一首古诗，描述的是孩子离开家时，母亲的依依不舍之情。“密密缝”正是因为儿子要离开，母子之间要分离。所以，答案是分子、分母。

9.谜面：从一般演员到最佳演员（打两个数学名词）

谜底：平角、顶角

小链接：平凡的小演员是个平凡的角色，而最佳演员则是顶尖的角色，因此为平角、顶角。

10.谜面：五角（打一数学名词）

谜底：半圆

小链接：人民币中，十角是一圆，五角当然是半圆了。

11.谜面：2、3、4、5、6、7、8、9（打一成语）

谜底：缺一（衣）少十（食）

小链接：这是一个贫困的书生，过节时，在自己的门上写上的对联，调侃自己一贫如洗。

科学小链接

打灯谜，是我国人民喜闻乐见的一种智力游戏。把它引申到数学知识中，不仅是一种集体娱乐活动，能丰富学习生活，而且有益于增长知识，妙趣横生，回味无穷，且有益于身心健康。

数字规律——牵一发而动全数

最近，俊文的舅舅遇到了一件麻烦事。

福利彩票中心为了防止假彩票的出现，采取了规范化用纸，彩票投注点的彩票用纸由福利中心统一配送。

这原本是一件好事，到了舅舅这里却变成了一件麻烦事。

舅舅的彩票投注点位于郊区，在福彩中心配送彩票用纸时，送错了彩票用纸。这原本很简单，只需要归还送错的即可。可是，由于彩票用纸都是使用统一的货箱，在福彩中心的人，返回来拿送错的纸时，却拿走了另外一种彩票的用纸。两种彩票用纸，一种多了两箱，一种少了两箱，一旦到时候出现问题，舅舅要承担很大的责任。

为了找到一箱送错的用纸和一箱被拿错的纸箱，舅舅找到了爸爸。

原来，箱子上面都标注了号码。爸爸决定到舅舅的彩票投注点去看一下，俊文也跟着跑去了。

到达彩票投注点的时候，爸爸要求舅舅打开仓库。

正在这时，彩票中心的管理人员也为了这件事赶来了。

舅舅打开了仓库，发现被送错的箱子上都编上了号码，井然有序。

箱子都摆放在地上：

第一批：2、6、12、20、30、36、42；

第二批：1、3、4、7、11、18、29、47、50；

爸爸认真观察了各个编号，反复分析，终于找到了疑点。

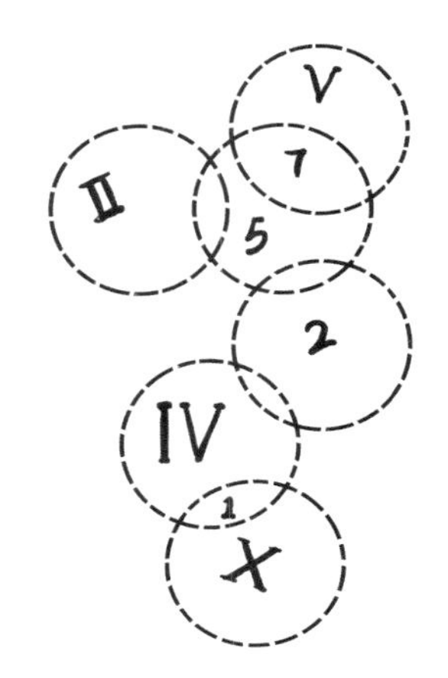

第一批箱子的编号，都是依照一定的规律排列的，即：

$0=0\times1$，$2=1\times2$，$6=2\times3$，$12=3\times4$，$20=4\times5$……都是相邻的两个整数的积，只有“36”例外。爸爸肯定地说：“你打开36的包箱，这应该是不同种类的。”

彩票管理人员打开之后，果然这箱是送错的。

第二批货物的编号：$4=1+3$，$7=3+4$，$11=4+7$……后一个数都是前两个数的和，但是其中又有一个例外，打开标号为“50”的包箱，果然也不是同一批次的货物。

舅舅说：“还有两箱被错抱走的彩票用纸，那上面也有号码，但是具体的号码我记不清楚了。”爸爸问：“那批箱子在哪里？”

舅舅把爸爸带往另外一个仓库，舅舅为了保护现场，所进的箱子都按原来的顺序依次排放的。

被错搬走的箱子就空着位置。

爸爸看了看，果然原封未动，依原包装编号整齐地摆放着：

第一批：64、32、□、8、4、2、1

第二批：1、3、7、15、31、63、□

爸爸认真地算了一下，说：“第一批箱子，前一个数都是它相邻的后一个数的2倍，可以断定，被错抱走的箱子的编号是16。”

第二批的箱子，被抱走的是编号为127的箱子，原来从第二个数起，每一个后面的数都是它前面数的2倍＋1，即：$1\times2+1=3$，$3\times2+1=7$，$7\times2+1=15$……可知，$\square=63\times2+1=127$。

彩票中心的管理人员立刻吩咐物流公司，将编号为16和127的箱子送过来。

这次错拿箱子的事情，在爸爸的帮助下，得以顺利解决。

俊文对爸爸佩服得五体投地，问：“爸爸，你是怎么知道的？”

爸爸说：“这个主要是数学中的数列问题。”

数列是指按照一定次序排列的一列数字，数列中的每一个数都叫作这个数列的项。在数学中，数列是一种特殊的形式，可以看作一个“定义域为正整数集的函数”，例如，1、2、3、4、5、6、7、8、9、10……就是一个数列。

科学小链接

在银行中，有一种支付利息的方式叫复利，就是把前一期的利息和本金加在一起算作本金，再计算下一期的利息，也就是人们通常说的利滚利，就是数列最常见的形式。

建筑与数学密不可分

爸爸妈妈带着俊文到鸟巢去旅游，美轮美奂的鸟巢让俊文对它赞不绝口。奥运场馆鸟巢是一座钢结构的大型体育馆，外观上没有做任何多余的处理，只

是把结构件暴露在外，形成了建筑的外观，是建筑与大自然完美的结合。

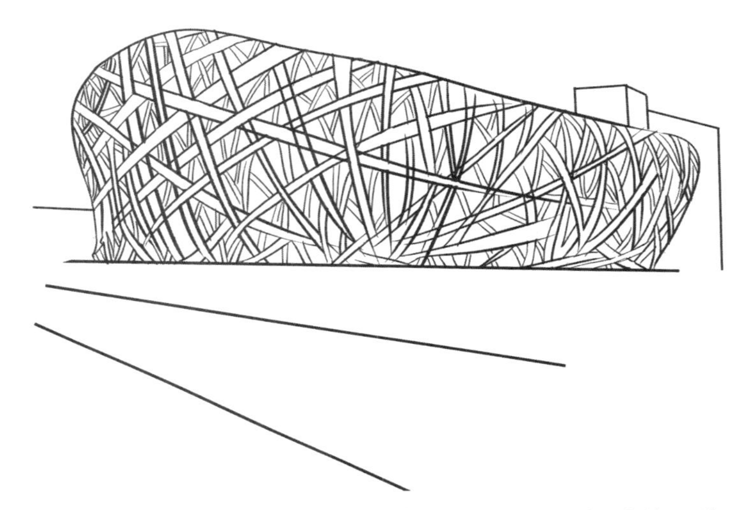

鸟巢已获八项突破、二十四项创新专利，它构造新颖独特，外观酷似鸟巢，因此得名为鸟巢。

“爸爸，这个‘鸟巢’坚固耐用吗？”俊文带着疑问，向爸爸请教。

爸爸微笑着说：“这你就不懂了吧，它的设计蕴含着深刻的数学原理呢。”

俊文更加不理解，说：“这和数学有什么关系呢？”

爸爸解释说：“鸟巢的屋顶是由二十四个三角形围成一个椭圆，每个三角形的顶点做两条直线，就是四十八条直线，就形成了屋顶的主体结构。然后根据四十八条线的布局再做出局部的次结构，就形成了一个利用许多三角形筑成的一个新颖、别致、堪称世界一流的建筑。”

说到这里，爸爸停下来问俊文：“你猜设计师为什么如此青睐三角形呢？”

根据以前爸爸告诉他的数学知识，俊文高兴地说：“三角形具有稳定性，对吗？”

爸爸说：“你说得非常对。三角形有三个顶点三条边，它是多边形中边数最少、顶点数最少，但却是最稳定的。”

“鸟巢”以其独特的外形，堪称与大自然完美的结合，也是人类利用数学知识的一次伟大创举。

几千年来，数学一直是设计和建造的一个很宝贵的工具。它一直是建筑设计思想的一种来源，也是建筑师用来设计建筑的技术手段。

生活中，常见的用在建筑上的数学概念，如角锥、棱柱、黄金矩形、视错觉、立方体、多面体、网格球顶、三角形、毕达哥拉斯定理、正方形、矩形、平行四边形、圆，半圆、球，半球、多边形、角、对称、抛物线、悬链线、双曲抛物面、比例、弧、重心、螺线、螺旋线所、椭圆、镶嵌图案、透视等。

近代，随着新兴建筑材料的发现，人们利用数学知识设计的建筑的潜力达到最大。利用品种繁多的建筑材料——石、木、砖、铁、钢、玻璃、混凝土、合成材料、钢筋混凝土等，建筑师们实际上已经能设计任何形状。比如，壮观的双曲抛物面、八边形的住宅、网格结构、抛物线飞机吊架等。

随着人们对动物深入的研究，动物的建筑结构中的数学知识逐渐被人们认识，例如蚂蚁、蜜蜂的建筑特点，建筑设计师结合动物的巢居特点，结合数学知识，已经设计出能镶嵌平面的任何形状像三角形、正方形、六边形和其他多边形，而这些都可以改造适用于空间居住的场所。

当前，在建筑方面，设计师需要确定哪些立体在一起效果最好，如何把空间充填得使设计和美达到最优，怎样创造出舒服的居住环境等方面受到了挑战。而这一切的可行性都受制于数学和物理的规律，数学和物理既是工具，又是量尺。

在生活中，处处可见数学的影子，数字电视、数码相机、数控车床……即便是电脑中的程序、三维动画及各种软件，都是由数字编辑而成。数学的海洋浩瀚无边，博大精深，这些几何图形、数字、公式都是数学王国的成员，它们都具有无穷的魅力。

科学小链接

壮观的天安门广场，东西宽度为500米，即长安左门至长安右门的距离，广场的深度为800余米，比例约为5∶8，与“黄金比例”几近相合，因此，天安门才显得如此壮观、雄伟、美丽。

参考文献

[1] 张景中. 帮你学数学[M]. 北京：中国青年出版社，2002.

[2] 张春晖. 今日十万个为什么・烦人的数字[M] . 合肥：安徽少年儿童出版社，2009.